JN034203

# TQM推進によるビジョン経営の実践

## デミング賞・同大賞への挑戦を通じた レクサス工場の進化

米岡俊郎・中村 聡 [著]

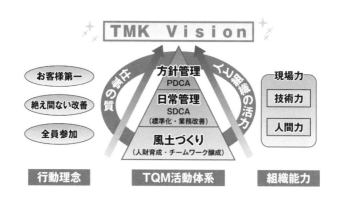

日科技連

## 全員参加が成し遂げた凄いこと！

特別な技術・技能がある訳ではないが
お客様を想う気持ちは負けない。
基本を守る、徹底して守る、
オール九州で心ひとつに頑張った。
そして世界中が注目する No.1 品質の工場になりました。
デミング賞・同大賞へのチャレンジの経緯から
その秘密が明かされます。
チャレンジの背中を押してくれる一冊です。

トヨタ自動車㈱ 元副社長
(一財)日本科学技術連盟 理事長　佐々木眞一

# まえがき

　筆者らの会社、トヨタ自動車九州株式会社のTQMの取組みが2016年のデミング賞、2019年のデミング賞大賞の受賞で一つの区切りを迎えた。会社としては引き続きTQMを軸とした経営を進めるとトップ自らが社内に宣言しており、TQM活動に終わりはなく、改革を続けていくだろう。

　振り返ると6年前、我々は「TQMとは何か？」、「我々のTQMをどのように進めていくべきか？」などの戸惑いの中にいた。そして、6年間の活動を通じ、TQMについて、いろいろ語れるようになったと考えている。今回、筆者らが現役を退くにあたり、我々にとってTQMとは何かについて、実際に進めた内容の紹介だけでなく、進めていく中で何を感じ、どのように考え、工夫し、楽しみ、克服していったかという体験談と各種TQM実践の事例をまとめたものが本書である。

　主な内容は、タイトルに示したように、経営ビジョンの実現に向け、戦略テーマを遂行するための組織能力の定義づけから実践と小集団活動を活用した全員参加型のビジョン経営である。特に、組織能力については、業界初の取組みであり、読者の方々の参考になると考える。

　TQMをやってみたい、進めてみたい会社の方々、また、デミング賞などの挑戦にあたり、迷われたり、悩んでいらっしゃる会社の方々がいらっしゃれば、皆さまの勇気を少し引き出せたり、少し後押しになれば、また、実践の事例が役に立てばと思う次第である。それが、デミング賞、デミング賞大賞を受賞した我々の使命でもあるのではないかと考える。

　本書では、組織能力、方針管理、小集団活動などの各TQM活動を、「デミング賞」に向けた取組みと「デミング賞大賞」に向けた取組みの2段階でどう改革を進めたかについて記述した。それぞれのTQM活動ごとに、進化のス

テップを理解しやすくできたと思う。また、各節・項の終わりに Key ポイントをまとめているので参考にしていただきたい。

　併せて、本書の構成として、あえて、まとめを巻頭にもってきており、読者の方々に早めに概要をわかっていただきやすくしている。第1章まとめ、第2章以降の内容編を読み進めていただき、最後に、第1章のまとめに戻っていただくとさらに理解が深まると思う次第である。

　最後に、デミング賞の挑戦において、ご指導いただいた中央大学理工学部教授の中條武志先生、慶應義塾大学客員教授の高橋武則先生、一般財団法人日本科学技術連盟の佐々木眞一理事長をはじめとする職員の方々、トヨタ自動車株式会社業務品質改善部の方々には大変お世話になりました。この場を借りてお礼を申し上げます。

2020 年 6 月

米岡　俊郎
中村　聡

# TQM 推進によるビジョン経営の実践
# 目次

## 第 4 章 ビジョン経営と TQM 活動 ……… *35*

# 第1章

# TQM活動のまとめ

## 1.1 TQMの全体像

　図1.1にトヨタ自動車九州(以下TMKと略す)の経営ビジョン・経営目標・経営戦略とTQM(Total Quality Management：総合的品質管理)の関係図を示す。図に示すとおり、トヨタ自動車のレクサス・インターナショナル・カンパニー(以下LICと略す)戦略、会社理念、TQM理念にもとづき、経営ビジョン、経営目標、経営戦略を策定し、TQMの推進により組織能力を向上し、戦略テーマの実行を図るという関係になっている。

　デミング賞*、デミング賞大賞**への挑戦を通じて、いろいろなTQM活動を実践してきたので、大賞受賞を機に、TQM活動の全体像を詳細にまとめ直した(図1.2)。TQMの全体像は、図1.1の中の点線の部分に当たる。

　詳細については**第4章4.2節**の「TQMの推進」で説明するので、ここでは、概略のみを述べる。

　図1.2は、① TMKのTQM理念、および② TQMマスタープランにもとづき、TQMを推進することにより組織能力が向上し、V30戦略テーマ活動が実

---

　　＊ 1951年に創設されたTQMに関する世界最高ランクの賞
＊＊ デミング賞を受賞し、さらに受賞後3年以上継続的にTQMを実践し、TQMの特色が
　　 活かされ、その水準が向上・発展していると認められた場合に授与

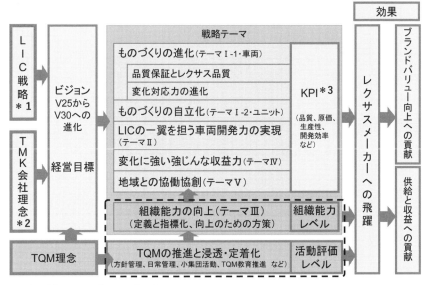

＊1　LIC：Lexus International company
＊2　TMK：Toyota Motor Kyushu（トヨタ自動車九州）
＊3　KPI：Key Performance Indicator（重要業績指標）

**図1.1　ビジョン、経営目標、経営戦略とTQMの関係**

行できるという構成になっている。また、TQM活動を評価するものとして、
⑦社内TQM点検・日常管理点検、および⑧TQM活動レベル評価がある。
　TQMを推進するために、いろいろな活動を行っているが、これらの活動の
結び付きを明確にして、体系化することが非常に重要である。そして、この内
容を共有し、自分たちが何のためにTQMを推進しているのかを、全員が理解
することが大切である。TMKでは、このために社内でTQM教育を行い、理
解を深めている。特に、管理者に対しては、TQM活動の全体像をしっかりと
教え込み、TQMを推進するというのは、どういうことなのか理解させてい
る。

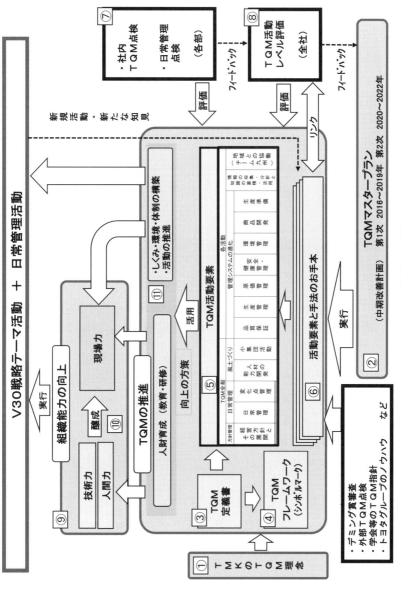

図 1.2 TQM 活動の全体像

**Key ポイント**

- TQM の位置づけの明確化や共有は、全社を引っ張るのに有効
- 何のために TQM を推進するのか、目的を明確にすることが重要
- 全体の関係を図で示すことが全員の理解に有効

## 1.2　企業にとっての TQM

　企業にとって TQM とは何か。また、デミング賞挑戦とは何か。

　この節では TQM の内容ではなく、企業にとって TQM に取り組むということは何か、どのような意味があるのか、について述べる。とはいえ、筆者らの解釈であり、他社のことを筆者らが論じることはおこがましいし、各社でそれぞれ特有の TQM であって良いので、代わりに「自社にとって」に置き換えて紹介したい。

　企業にとって TQM とは何か、デミング賞挑戦とは何か、の筆者らの当初の回答の一つは**第3章**の**3.1節**「挑戦のきっかけ」で詳しく述べるが、「会社全員の目標として全員の思いを一つにするもの」であるが、6年間の TQM 活動を通じて、以下のような回答に固まってきた。

　筆者らは「顧客指向の企業基盤の強化や競争力向上を目的とした、そのための、企業経営のトップ、ミドルマネジメントから各職場のスタッフまでつながった経営そのもの」と考える。別の言い方をすると3つある。一つ目は「ビジョン達成への戦略展開から、方針管理、各職場、個人の実行までのフォローのつながりのあるビジョン経営」である。二つ目は「トップ、ミドルマネジメントから各職場のスタッフへのトップダウンの展開と各職場からのボトムアップの両立という全員参加型経営」である。三つ目は、「それらを支える、経営戦略を実行していくための組織能力づくりや人財育成を進める基盤」である。

　そして、「それらの行動を支える数々の考え方や手法」である。そういった TQM を進めていく長い道のりにおいて、大きな前進を内外から支える手段としてデミング賞への挑戦があると考える。

　デミング賞に挑戦することになると社内での挑戦の宣言などトップマネジメントの意思が、はっきり伝わるし、内外からの指導や支援を受けることになり、活動が加速される。

Key ポイント

【企業にとって TQM とは何か】
　顧客指向の企業基盤の強化や競争力向上のための
- ビジョン経営実現への考え方や手法
- 全員参加型経営実現への考え方や手法
- 経営戦略実行のための組織能力づくりや人財育成を進める基盤

## 1.3　TQM を推進して良かったこと

　TQM を推進してきた事務局の話だけでなく、この節では具体的に 6 年間 TQM に取り組んだ各職場の部長たちがデミング賞、デミング賞大賞への挑戦を通じてどう感じたか、彼らのコメントを紹介したい。生の声で TQM を推進して良かったことが伝わると考える。

●宮田工場　吉田誠治工場長

　一連のデミング賞の受審をとおした TQM 推進より学んだこと、それは日常管理 SDCA サイクルの回し方です。多くの場合、何の疑いもなく「Standard → Do」のみを愚直に（バカ正直に）推進するだけであり、成果が出ないと悩んでいました。そこには「Standard」の確からしさを検証するプロセスが欠如していたことに気づいていなかったのでした。「Do」の結果を「Check」において分析し、クオリティの低い「Standard」の改定への「Action」を取り続ける。このサイクルをスパイラルアップさせることにより、初めて安定した成果を出していけることを学び直しました。これは、トヨタ生産方式の「改善後は改善前」の考えとまったく同様であると考えます。

●**塗装・組立エンジニアリング部　小川昌宏部長**

TQMを推進して良かった点は「方針管理」です。以前の会社方針は総花的かつ部方針とのつながりが曖昧でした。しかしTQM導入後は、戦略的なテーマに重点志向され、各部への展開も明確になりました。また、プロセスと結果の両面から評価することも定着し、「やった、やった」ではなく、しっかりと改善のサイクルが回るようになりました。今後は、より総合的かつ多面的な分析も加えることにより、さらに改善を強化していきたいと思います。

また、TQM活動の中で、とても斬新だと感じたのは組織能力強化の取組みです。これまでも、技術的スキルに対する個人別の評価や育成計画はありましたが、組織としての能力という見方はできていませんでした。デミング賞、デミング賞大賞への挑戦を通じて、ビジョンや会社方針を実現するために必要な組織能力を明確にしたうえで、個人の育成計画に落とし込んだり、仕組みや体制の改善策を検討しました。結果として、単なる人財育成ではなく、より幅広く体系的な考え方ができるようになりました。今後も、この取組みを定着・進化し、より大きな成果につなげられるようにしていきたいと思います。

●**組立部　楠元正吾部長**

デミング賞への挑戦が決まったとき、「私自身、TQMは、理解しているし実践もできているから大丈夫」と高を括っていました。しかし、実際にデミング賞受審への準備が始まると、いろいろな質疑応答など点検を経験して「TQMの真髄をわかっていなかった」と衝撃を受け、また「TQMは一人でやるものではなく、会社が一丸となって全員でやるもの」ということを思い知らされました。そこからは、上位方針とのつながりやPDCAの正しいサイクル回しなど、仕組みづくりと改善の連続でした。本当に頭をフル回転させた3年間でした。そして見事2016年にデミング賞を受賞したとき、職場の全員が今までにない達成感を味わうことができました。今では、デミング賞への挑戦があって、個人的にも、職場的にも、会社的にも大きく成長できたと胸を張って言えます。ご指導いただいた社内外の関係者の皆様に、心から感謝いたします。

## ●車体部　宮嵜義弘部長

　トヨタ自動車九州が操業開始から 27 年を迎え、従業員数、組織ともに規模が急拡大し、業務分野も多岐にわたり、全社の一体感が薄れているよう感じていました。また自動車業界も大変革期を迎え危機感がありました。その状況下で、今回のデミング賞審査に向けて TQM の浸透を図り実行していくことによりビジョン達成に向けた各部の目標や役割などが明確になり、一体感も醸成され、各領域で成果が上がり、競争力も向上しています。今後も改善を進めて行きます。

## ●環境プラント部　弥永明彦部長

　私にとって初めての本格的な TQM への取組み、それがデミング賞大賞受審に向けた職場の点検でした。

　会社方針、本部方針、部方針の整合性、部方針と実務の整合性、一つひとつの実務の中で、きちんと PDCA を回して、合理的な目標を立てているか、判断する場合の基準は明確か、結果を評価して次の仕事につなげているかといった、基本に立ち返って自らの職場を見直すことができました。

　できていると思っていたのに判断基準が明確でなかったり、対策の合理性をうまく説明できなかったりと気づきが多くあり非常に有意義な活動でした。今後はこの挑戦で得た気づきをさらなる改善の種として TQM 活動の定着に向けて職場を運営していきたいと思います。

---

### Key ポイント

TQM 活動を推進して良かったこと（各部長コメントのまとめ）
- 全社の一体感の醸成、組織能力、方針管理、日常管理、PDCA、SDCA
- 賞をとることが目的ではなく、そのチャレンジを通じて、TQM 活動の推進により会社が活性化し、社員がイキイキと仕事に従事し、会社の目標が達成できるようになること

## 1.4　TQM の将来計画

　TMK は TQM について、3 つの柱で取り組んで行くつもりである。

　一つ目は「永続的な TQM の取組み」、二つ目は「TQM の仲間づくり」、三つ目は「TQM を活用した変化への対応」である。それぞれの 3 つの柱に対する項目と内容は、**図 1.3** のとおりである。

　特に「永続的な TQM の取組み」については、デミング賞・同大賞を通じて、やっと根づいてきた TQM が形骸化しないよう、世代交代への対応も踏まえ、いろいろな仕掛けを考え実施していく必要があると思っている。

| 項目 | | 将来計画 |
|---|---|---|
| 永続的な TQM の取組み | ① 弱点の克服 | ● TQM 活動レベル評価の弱点項目・意見書での指摘事項の改善<br>● 社内 TQM 点検（B スケ）の継続 |
| | ② TQM の伝承（社内） | ● "しくみ・標準化・固有技術の蓄積" の伝承<br>● TQM 教育の継続など、世代交代への対応 |
| TQM の仲間づくり | ③ TQM の普及（社外） | ● 仕入先、異業種への TQM 普及<br>　（QC サークル支援　→　SQC・機械学習支援　→　TQM 支援） |
| TQM を活用した変化への対応 | ④ 手法の拡大（小集団活動含む） | ● IoT 拡大やコネクテッド対応（機械学習・AI 活用）<br>● システムの高度化、複雑化（FMEA、品質工学、MBD など）<br>● 事務系、技能系への SQC、機械学習、AI の展開 |
| | ⑤ 新価値創造 | ● CASE・MaaS への対応（モビリティカンパニーへの貢献）<br>● イノベーションプロセス、イノベーション人財育成のしくみづくりと実践 |

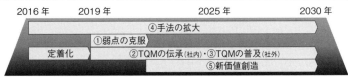

**図 1.3　TQM の将来計画**

### Key ポイント

・TQM が維持・継続できる仕組みづくりや仕掛けが必要
・将来の技術動向を踏まえた人財育成が必要（機械学習、AI への対応）

# 1.5　デミング賞受賞企業の役割

　6 年間のデミング賞・同大賞のチャレンジを終えるにあたり、受賞企業のメンバーとしての役割を考えてみた。2019 年 11 月、TMK がデミング賞大賞をいただいた授賞式において、デミング賞の受賞企業 5 社の内、4 社がインドの企業であった。インドで TQM が盛んに活用され、成果を上げていることはもちろん大変良いことではあるが、日本企業が 1 社だけというのは寂しいしだいであると感じた。日本のモノづくりを支える力である TQM 活動やデミング賞に挑戦するという志を持つ会社の方々を後押しするのが、受賞会社の役割の一つと考えた。

　では、具体的に何がやれるかであるが、一つは TMK で考え、トライした具体的な TQM の手法の中に、いろいろな会社の TQM 活動にダイレクトに活用できるものがあるのではないかと思う。具体的には本書の**第 4 章**で述べるビジョン経営と TQM 活動の内容そのものである。方針管理のやり方の改善や小集団活動の運営や教育の仕組み、そして組織能力の活動などの事例である。

　二つ目は冒頭の「まえがき」に書いたとおり、これから TQM 活動をチャレンジされる会社の方々への助言やガイダンスになればと思う。

　これらを進める具体策として、本書の出版の他、日本科学技術連盟、日本品質管理学会、日本規格協会が主催するセミナー、研修などの講師を担当役員の米岡が務めたり、講演を行ったりして、TMK の TQM 活動を紹介してきた。

　また、九州地区の QC サークル支部活動で幹事会社を務めたり、運営委員を担当させていただいたり、さらに地域の企業に QC サークルの活性化策など、具体的な TQM 活動事例を紹介する講義などを米岡、中村以下で展開している。

## Key ポイント

- 受賞会社として日本のものづくり力向上の小さな助けになればという志

# 1.6　デミング賞挑戦の勧め

TQMは会社を良くする!!

　これからTQM活動を強化しようか、品質奨励賞、またはデミング賞に挑戦しようか、迷われている企業の方々に申し上げたいことは、大変、当たり前のコメントであるが、絶対TQM活動は会社を良くする、変えるのに役に立つということである。そのうえで、せっかくTQM活動の強化にチャレンジしようと考えるならば、奨励賞とかデミング賞にチャレンジするほうが、ただTQM活動を強化することに比べ、以下のような利点があり、お勧めしたい。

　奨励賞やデミング賞チャレンジによって、会社の方向を内外に打ち出し、逃げ場を絶ち、全社員が動き、外部の先生方からの客観的評価、改善の方向を得られ、TQM活動を前に進められる環境が必然的に整うことになる。どうせやるなら、明確な目標を持って、立ち向かうほうが、やり遂げたときの達成感もひとしおのものになると確信する。ぜひ、チャレンジをお勧めしたいと思う次第である。

### Keyポイント

- TQMは必ず会社を変える、良くする。ぜひチャレンジを!!
- TQMを効率的、効果的に浸透、定着させるには、奨励賞やデミング賞にチャレンジすることをお勧めする。

# 第2章

# トヨタ自動車九州の紹介

## 2.1　事業の概要

第3章以降で具体的に活動の内容を説明していく前に、トヨタ自動車九州株式会社(TMK)について、読者の方々に少し理解していただかないといけない。

少し、前ふりとして以下をご一読いただきたい。

まず、TMKの事業について概略を述べたい。TMKは1991年に設立された、トヨタ自動車100％出資の子会社である。図2.1のとおり、トヨタの高級車ブランドである「レクサス」のクルマづくりを担っており、レクサス車の中でFF系車両*を生産しており、国内3極体制の中で第2の生産拠点と位置づけられる。

また、TMKはトヨタグループ17社の中の1社であり、トヨタグループには、トヨタ自動車の他、読者の方々もご存じのデンソー、アイシン精機、トヨタ車体などが含まれる。事業所は本社機能がある宮田工場と苅田工場、小倉工場の3工場体制をとっており、宮田工場では組立ライン2本持ち、レクサス車5車種を生産している。

2016年にはレクサスブランドの50％の車両の生産を担っていたが、2018年

---

* FF：前輪駆動車

図 2.1 TMK の位置づけ

には 58％に向上している。販売仕向け先は世界 80 か国で 90％輸出しており、2016 年には北米と中国・東アジアがそれぞれ 35％であったが、2018 年は中国・東アジアの比率が 43％と高まっている。

次に苅田工場は 2005 年にエンジン専門工場として竣工。現在は V6 エンジンをはじめ、L4 ターボエンジンと TNGA 用 L4 エンジンを生産している。トヨタのグローバル展開に呼応したユニット生産のモデル工場を目指し、最新鋭かつクリーンな工場となっている。宮田工場への供給に加え、トヨタ自動車や他のトヨタグループのボデーメーカー、さらには北米や中国にも供給している。小倉工場は 2008 年に竣工。ハイブリッド車用のトランスアクスル（モーター＋変速機）を生産しており、苅田工場と同様に宮田工場だけでなく、内外の関係工場に供給している。

以上のように基幹ユニットから完成車両までの一貫生産工場へと成長してきた。

従業員数は 2019 年 4 月現在で約 11,000 名である。生産台数の推移は、デミング賞のチャレンジ前の 2013 年当時、車両が年間約 31 万台、エンジンが年間約 19 万台、ハイブリッドトランスアクスルが年間約 15 万台規模だったが、

2016 年デミング賞の受賞時から 2019 年同大賞の受賞時の生産規模は近年の世界的な SUV の人気上昇も相まって、おかげさまで年々増加しており、車両生産は 2016 年度の 35 万台から 2018 年度では約 43 万台、エンジンは 2016 年度の 42 万台から 2018 年度は約 53 万台、ハイブリッドトランスアクスルは 2016 年度の約 26 万台から 2018 年度では 35 万台規模になっている。

　売上高も同様に 2013 年度当時、約 7,800 億円レベルから 2016 年度約 1 兆円、2018 年度約 1 兆 2,500 億円に伸びている。会社収益についてもトヨタ自動車 100 ％子会社であり、非公開だが、着実に増加できており、トヨタ自動車の連結の収益に貢献できている。先に述べた SUV 人気など世界の自動車販売環境の変化などいろいろな要因はあると思うが、デミング賞、同大賞の挑戦を通じた TQM 活動の推進が TMK の生産台数の増加に対応できる生産体制や販売を後押しする車両開発や製造品質に貢献したと考えている（**図 2.2**）。

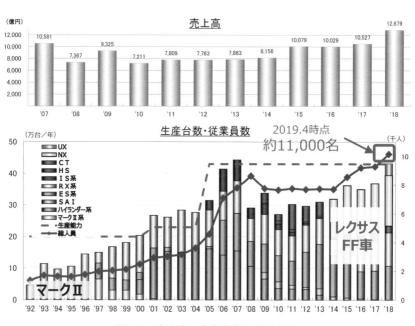

**図 2.2　売上高、生産台数と従業員数**

## 2.2　役割の変化とレクサスブランド

　前節で述べたとおり、TMK は 1991 年の設立当初、車両生産工場としてス
タートし、車両生産をとおして、ものづくり力、品質力を向上させてきた。そ
して、2005 年第 2 ライン新設、苅田エンジン工場竣工、2009 年に小倉工場竣
工の前後、2006 年には、それまでトヨタ本体に依存していた生産技術部門を
新設し、高質廉価な設備を自前で導入できる体制をスタートさせた。そして、
2011 年には、R & D センターを新設し、もっといいクルマを、自前で設計・
開発する体制をスタートさせた。車両のマイナーチェンジを担当させてもらう
ところからスタートし、近年はモデルチェンジも担当し始めている。さらに、
2016 年には、新たにテクニカルセンターを建設し、評価設備、車両検討エリ
アや生産技術開発エリアなどを整備し開発体制を強化させている（図 2.3）。
　一方、生産車種については 2005 年のレクサス専用の第 2 ライン立上げ以降、

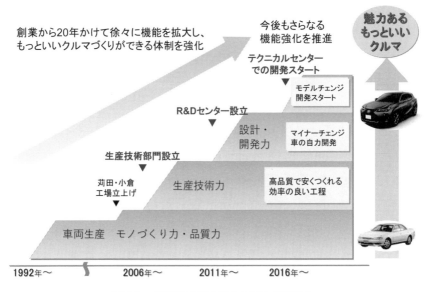

図 2.3　役割達成に向けた TMK の取組み

レクサスの生産比率が増加し、2017 年以降はレクサス車のみの生産になっている。そんな中、2016 年 4 月よりトヨタのビジネスユニットの一つであるレクサス・インターナショナル・カンパニー(LIC)の一員に TMK が位置づけられる変化があり、4.1 節で述べるビジョンの見直しにつながっている。

　ここでレクサスブランドについて少し説明する。レクサスはトヨタ自動車の高級車ブランドであり、メルセデスベンツ、BMW、アウディのジャーマン 3 のプレミアムブランドに対抗する日本発のプレミアムブランドとして、北米では 1989 年から、日本では 2005 年から展開された。プレミアムブランド内での販売としてはジャーマン 3 に続く 4 位の規模である。レクサスのブランドスローガンは、創設から 2013 年まで「The Pursuit of Perfection(完璧への飽くなき追求)」を使用していたが、2013 年レクサス初の全世界統一ブランドスローガンとして「EXPERIENCE IN MOTION」に変更した。コンセプトは「ユーザーの期待を超える驚きと感動を提供する」である。さらに、2017 年からは、「EXPERIENCE AMAZING」を使っており、コンセプトは「革新的で驚きに満ちた体験を"大人の遊び"として提供する」となっている。

　TMK では前述のとおり、5 車種の生産を担当している。クルマづくりとしては、トヨタ車と比べ、すべてにおいて一段高い品質基準が設定されており、高品質へのこだわりが自社の文化になっている。具体的な例としてはボデー塗装面の艶や肌がなめらかで、塗装面に反射した腕時計の秒針の動きが見えるほどの品質にこだわって生産している。

## 2.3　自動車製造工場の概要

　以上が、TMK の会社概要であるが、本書の中で具体的な品質管理や生産システムの改革、改善の事例も一部紹介していくので、自動車製造工場の具体的な工程・工法について、簡単に説明させていただきたい。すでに述べたとおり TMK は 3 工場からなるが、ここでは代表して宮田工場について述べる。読者の方々の会社の各工場と同じ工法もあるし、珍しい工法も、自働化した工程、

作業者作業に依存する工程もある。

宮田工場は成形、部品、プレス、車体、塗装、組立、検査の各ショップ*からなる。そして、それぞれのショップに対応した生産技術部署を持っており、車両モデル切り替えやそれに伴う工程、設備の開発、調達、製作、据付け、調整、量産の維持を行っている。

各ショップの工程の内容を説明する。まず、成形ショップでは車のバンパーなどの外装大物部品を樹脂の射出成形、塗装、部品組付けなどで、内装のインストルメントパネルをスラッシュ成形、射出成形などで生産している。

部品ショップでは、ガソリンタンクを樹脂製タンクはブロー成形、鉄製タンクはシーム溶接、塗装工程などを経て部品組み付けし生産している。また、エンジンやサスペンションを載せ、車体骨格とつなぐサブフレームやサスペンションアームをアーク溶接、電着塗装などで生産している。

プレスショップでは、車体を構成する鉄、アルミのパネルをプレス成形する。プレスマシンが連続する各プレスラインから生み出されるプレスパネルはロボットでパレットに積み込まれる。車体ショップでは、プレスショップなどからのボデーパネルをレーザーやスポット溶接、アーク溶接、金属間接着剤などさまざまな接合技術を活用しボデーを生産する。接合のほとんどがロボットで行われ、プレスショップと同様に自働工程が多い工程である。

車体ショップからは一台一台、車種や仕様の異なる車両がオーダー順に生産される。塗装ショップでは、車体ショップから送られてきたボデーに電着塗装、シーラー塗布、中塗り塗装、上塗り塗装、検査工程を経てカラードボデーを完成させる。

塗装ショップも各種塗布ロボットが多用されているが、準外板部のシーラー塗布や一部の吹付け作業、検査作業や補修作業は熟練した生産スタッフに依存している。

組立ショップでは、塗装ショップから送られてきたカラードボデーにエンジ

---

*プレス、車体、塗装、組立などのそれぞれの工場、組織

ン工場や各仕入れ先様から供給される大変多くの部品がコンベア上で組み付けられる。ハイブリッド車用バッテリーをロボットで搭載するなど、一部、自働化工程もあるが、主に生産スタッフが生産指示どおりにさまざまな部品を組み付ける工程である。重要な部品のボルトの締付けは電動ナットランナーが多用され、締付け品質をデータで監視している。

最後に完成車両の検査工程で車両の外観、内装、操作機能、走行機能などの検査を経て、完成車ヤードに送られる。外観の一部検査、各種制御系の検査、足回り部品などの調整や機能の検査は設備によって行われるが、内外装の検査や各操作の検査は主に検査スタッフによって行われる。第4章で述べる品質向上の取組みのとおり、一部、ボデー建付けの自働計測や車両仕様の自働検査なども徐々に増加させている。

以上が、大まかな車両製造工場の工程・工法であるが、さまざまな工法や生産設備、生産システムがあり、自働化工程と生産スタッフによる手作業工程が混在している工場と理解していただけると思う。

# 第3章

# デミング賞への挑戦

この章では、デミング賞・同大賞に挑戦した6年間の我々の葛藤を語りたい。具体的なTQMの活動については第4章の各項目をお読みいただきたい。

## 3.1　挑戦のきっかけ

### IQSプラチナ賞からデミング賞へのチャレンジへ

　一言で言えば、2011年に着任した二橋岩雄社長(当時)の提案である。当時のTMKはレクサス品質を旗頭に全社で品質向上に取り組んでいた。その目標設定として、全社員のチャレンジ目標として、米国輸出比率が最も多いということでJDパワー社の米国IQSでのプラチナ賞獲得を設定していた。これは米国でその年に販売された新車の初期品質のアンケート調査であり、ブランド表彰だけでなく、製造品質を競う工場表彰もあり、TMKは過去に3度、世界ナンバー1のプラチナ賞を獲得していた。しかしながら、乗用車の輸出環境の変化から、プレミアムブランドのレクサス車においても地産地消の流れが進みつつあり、今後の米国向けの輸出比率の減少が予測されていた。そこで、IQSプラチナ賞に代わる新たな会社全体の品質目標の設定が必要ということでデミング賞に挑戦したわけである。ただし、二橋社長は着任早々からデミング賞に挑

環境変化

設立
TMC人材が母体の組織（九州出身者中心）
⇒独立心、三前に妥けない職中心
⇒設立直後と、バブル崩壊、苦難の連続

第2ライン/苅田工場　変化の連続（リニューアル、震災、リニューアル、超円高）
急激な増員
⇒人時規模の変員対応
⇒人財育成の遅れ

R&D

| | 1992年〜2009年 | Vision 2010 | Vision 2015 | R&D | Vision 2025 | Vision 2030 |
|---|---|---|---|---|---|---|
| ビジョン | | Vision 2010 | Vision 2015 | | Vision 2025 | Vision 2030 |
| 全般 | TQC　トヨタの仕組み踏襲　ISO 9001,9002取得　★ | TQM導入と運用 | TQM強化　STEP1　STEP2　デミング賞 | | STEP3　デミング賞大賞 | TQM定着化 |
| 方針管理 | 方針管理の実践・年度方針 | ・ビジョン | PDCAサイクルの強化　方針関連性明確化⇒相乗効果 | | | |
| 日常管理 | 日常管理の実践・標準類の整備 | ・標準化・しくみ化の徹底 | SDCAサイクルの強化　再発防止⇒未然防止 | | | |
| 風土づくり | 技術系小集団活動　準技術系小集団活動　QCサークル活動（タックル活動） | 創意くふう制度 | サークルレベル向上活動　JKK推進活動（SQC活用）　未然防止型ストーリー　技術系小集団活動（SQC用） | | 組織能力の強化 | |
| TQM推進体制 | 品質保証部　総務部　QCサークル事務局　生産管理部 | | ★JKK推進G　★品質企画室　品質向上の戦略づくり　自工程完結活動強化　TQM推進室　統合　人財開発部 | | 品質保証部　品質管理部　TQM推進室 | |

**TQMの活用**

図 3.1　TQM活動年表

戦するとは言っておらず、まず、デミング賞への挑戦のための種まきとして、品質活動の強化や小集団活動の活性化を推進してきた。そして、2013 年末にデミング賞の挑戦を決定した。おりしも、二橋社長や筆者の一人である米岡ともつながりのあるトヨタ自動車の副社長を務められていた佐々木眞一氏が日本科学技術連盟の理事長に就任されたり、トヨタ自動車の豊田章一郎名誉会長が、TQM は大事だとトヨタグループ内で言われていたことも引き金になったと考える。そして「TQM を人財育成の合言葉」と「高品質な自動車づくりを究める証としてのデミング賞へチャレンジ」の 2 つをデミング賞への挑戦の目的に「TQM 宣言」として、社内へ展開した。

　図 3.1 は TMK の TQM 活動の年表である。デミング賞の挑戦以前はトヨタ自動車の DNA を引き継ぎ、TQM を推進してきており、2000 年に ISO 9002 を取得している。デミング賞では TQM の強化、デミング賞大賞では TQM の定着化を目指して活動をしてきた。

**Key ポイント**

- デミング賞の挑戦は会社を動かす柱（IQS プラチナ賞の代わり）
- デミング賞の挑戦を通じて人財育成

## 3.2　推進体制づくり

　2013 年末にデミング賞の挑戦を決定し、2014 年 1 月に品質保証部内に TQM 推進室を設立した。当時、QC サークル活動や創意くふうの事務局は人財開発部が担当していたが、TQM 推進室に集約した。この時点では、デミング賞の挑戦について、全社員には知らせておらず、2014 年はデミング賞の挑戦のための準備期間であった。審査に必要な準備項目調査や審査時期決定および自分たちのレベル把握などいろいろな課題があった。そして、2014 年 5 月と 10 月に外部コンサルタントの先生に TMK の TQM 活動状況を見てもらい、

2016年に審査を受けることに決定した。2016年の審査となると、2015年に
TQM診断を実施し、また、本審査までの期間は2年足らずという非常にタイ
トな日程であった。そこで、TQM活動をより強化するために2015年1月に
TQM推進室を品質保証部から独立させ、部格の組織にした。さらに品質保証
部と同様、社長直轄部署にした。

　独立させた理由は、全社のTQMを推進するにあたり、公平な立場として、
全社を監査的に見たり、指導・支援ができるようにするためであった。また、
TQM推進室長には筆者の一人である中村がデミング賞推進のための旗振り役
として、塗装部長から異動した。中村によれば、過去に設計、生産技術、製
造、品質管理、品質保証、サービスといろいろな部署を経験していたので、各
部署の実情がわかり旗振りがしやすかったし、いろいろな仕組みづくりにも貢
献できたと言っている。この間、米岡は2013年6月以降、品質保証部、品質
管理部、TQM推進室などを役員として担当していた。

　**図3.2**にTQM推進室の組織と業務内容を示す。

　次にTQMを推進するための体制について説明する（**図3.3**）。TQM推進室
を事務局に5つの分科会や幹事会で構成されており、各委員や幹事は各部から
1名ずつ選出している。2か月に1回程度、分科会、幹事会を開催し、全社へ
の展開を図っている。図中の㊟の3分科会をデミング賞に向けて新設した。

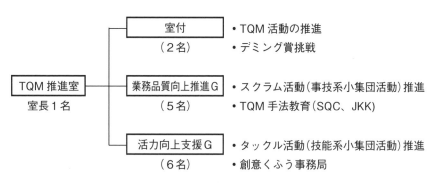

**図3.2　TQM推進室の組織と業務内容**

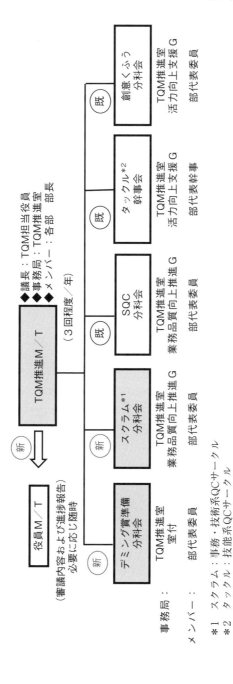

図 3.3 TQM 活動推進体制

> ### Key ポイント
>
> - TQM 推進のためには、専門部署の設置必要
> - 社内で独立した組織が良い。
> - 旗振り役は、いろいろな部署を経験した人物が良い。

# 3.3　TQM 浸透に向けたイベント・仕掛け

　TQM 活動は全員参加の活動である。そのため、全員が TQM についてある程度理解し、活動に取り組んでいるのが理想の姿であるが、1万人規模の会社でこれを実践するのは非常に難しいものである。TMK では、2015年4月に社長による TQM 宣言を幹部職や職制に対して行った。その中で、TQM 推進室はデミング賞挑戦の意義、目的を明確に説明し理解活動を進めた。また、同時期に日本科学技術連盟の佐々木眞一理事長をお招きし、デミング賞について講演もしていただいた。これらの取組みで、まず幹部職や職制への浸透を図った。次に現場末端までの浸透策として、現場の職長を対象に、TQM の説明会を各部を回って実施した。あまり難しいことは説明せず、現場では特に日常管理と小集団活動をしっかりと実践してもらうことが大切であると説いて回った。このような取組みのほかに、TQM フレームワーク(4.2.3 項で詳述)のバナーを製作し、入場門へ掲示したり、社内報に TQM に関する記事を掲載したりした。また、社長にはいろいろな場面において TQM について語ってもらうようにした。

> ### Key ポイント
>
> - 社員全員を引っ張るためには明確な宣言とイベントが必要
> - 社長からいろいろな場面で TQM 推進について語ってもらうことが重要

## 3.4　中條武志先生との出会いと指導会

　デミング賞を挑戦するにあたって、自分たちの知見だけでは当然できないのでコンサルタントを頼むことにした。元トヨタ自動車 TQM 推進部の部長だった古谷健夫氏にも相談し、中央大学理工学部教授の中條武志先生にお願いすることにした。そして 2014 年 10 月に TMK の TQM 活動状況を点検してもらい、審査時期を 2016 年に決定した。その後 2015 年 3 月〜 2016 年 7 月の間において 9 回の TQM 点検を開催し、ご指導を受けた。TMK はトヨタ自動車からの DNA を受け継ぎ、方針管理、日常管理、小集団活動などをやっているつもりであったが、中條先生の点検によって甘さがあったことがよくわかった。そして、我々にとっていろいろな気づきがあった。また、最初の頃の点検においては中條先生の仰っていることが理解できなかった。今となって思うが、我々の TQM についての勉強不足であった。そして、中條先生のご指導もあり、2016 年にデミング賞を無事受賞できた。また、デミング賞大賞挑戦においても引き続き中條先生の点検を計 5 回実施していただいた。このように TQM の活動レベルを向上するには外部コンサルタントによる点検が非常に有効だと思っている。TQM の事務局も点検の前には、中條先生と事前打合せを実施し、次回の点検では、○○部署のこのような弱い点を突っ込んで議論してほしいと要望したりもした。事務局の指摘で社内が動かない場合には、外部のコンサルタントの力を借りるのも有効な手段である。

### Key ポイント

- TQM のレベルを効率的・効果的に上げるには、絶対に外部のコンサルタントなどの力が必要
- TQM に関しての勉強が必要
- 指導会を通じていろいろな指導を受けて実践しないと TQM の良さはわからない。

## 3.5　デミング賞の審査内容

　デミング賞の受賞の条件や審査内容の詳細は、日本科学技術連盟のホームページにある「デミング賞応募の手引き」に記載されているので、ここでは詳細に説明しないが、審査(実地調査)について簡単に触れておく。

　図3.4に示すように実地調査は、Aスケジュール、Bスケジュール、首脳部との懇談の3つで構成されている。Aスケジュールは、会社側がTQMの活動状況を説明する場である。Bスケジュールは、それを受けて各部署が実際にどのように活動しているかを審査側が主体で点検する場である。首脳部との懇談は、審査員と会社経営層との懇談の場であり、経営層のTQMへの理解やリーダーシップなどが問われる場である。

　TMKでは、Aスケジュールの対応として、中條先生のTQM点検のときから、担当の役員がプレゼンをするように仕掛けた。その理由としては、部長・室長クラスに任せると、部長・室長の吊るし上げの場になって、モチベーションが低下したりする可能性があるからである。役員が責任を持って、プレゼン資料をつくったりすることでTQMの理解度が向上し、首脳部との懇談でも良い結果となる。

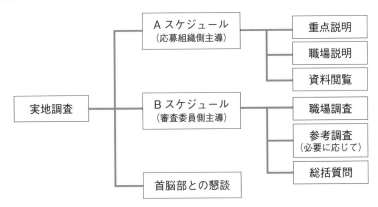

出典)　デミング賞委員会:『デミング賞のしおり』、p.3

**図3.4　実地調査内容**

　Ａスケジュール、Ｂスケジュール、首脳部との懇談で一番重要なのは、Ｂスケジュールである。首脳部との懇談やＡスケジュールでいくら良いことを言っても、現場で実践されていなければ、まったく意味のないものとなってしまう。

### Key ポイント

- TQM 活動の説明の場が、部長・室長などの吊るし上げの場にならないようにすることが大切
- 首脳部との懇談やＡスケジュールでいくら良いことを言っても、現場で実践されていなければ、まったく意味がない。

## 3.6　TQM 診断(2015 年 11 月)

　日本科学技術連盟から派遣された先生方による TQM 診断は、2015 年 11 月に実施された。デミング賞の挑戦のための事前診断である。2015 年 4 月の TQM 宣言から 7 カ月という短い期間で準備できたのは、トヨタ自動車から受け継いだ TQM の DNA があったからだと思う。診断を受けるにあたって、審査員に会社の実情を説明した「実情説明書」という資料を作成しなければならなかったが、作成手順や要領もなく、デミング賞受賞会社を回って参考にして作成した。今になって思うが、TQM 診断の実情説明書は、非常にできが悪かったと思っている。デミング賞大賞の実情説明書とは雲泥の差である。

　ただし、実情説明書を作成して良かったことは、会社の活動状況を整理できたことや今までなかったいろいろな活動の仕組み図が作成できたことである。

　このような準備を重ねながら TQM 診断を受け、その結果により、予定どおりの日程でのデミング賞の挑戦を了承された。ただし、TQM 診断の意見書では、いろいろな課題があり、デミング賞に向けて改善していかなければならなかった。

Key ポイント

• 会社の活動状況を整理できた(会社の全体状況が誰でも把握できる)。
• いろいろな活動の仕組み図ができた。


## 3.7 デミング賞の実地調査(2016年9月)

　実地調査を受けるにあたり、TQM診断意見書の課題の克服や各活動とTQMとの関係を体系化した。また、目標を達成するために仕組みをどのように改善したかのエビデンスで示せるように取組みも強化し、実情説明書にも織り込んだ。これらの活動や中條先生のご指導の結果、2016年9月に実地調査を受け、10月にデミング賞の受賞が決定した。TQM診断や実地調査を通じて感じたことは次のとおりである。

① 審査員の質問には3つのパターンがある。
- 受審側の説明不足により、内容が理解できないときの質問
- 深く突っ込んで来てどこまでできているか確認するための質問
- 受審側の良い点を引き出すための質問

② 審査員(先生)の方々の勉強、研究の場でもある。
- 企業の良い点を参考にして、研究に役立てたり、TQM活動要素の事例にする。


## 3.8 TQMを経営の基本に置くという宣言

　デミング賞の挑戦を通じたTQM活動の数々の効果が社内で認知された。また、図1.1および図1.2のTQM全体図のとおり、経営ビジョン、方針管理〜小集団活動のつながりなど、会社全体の体系的な活動がTQMに結び付いているという認識が社内にできた。そこで、デミング賞実地調査のAスケジュールの最後のセッション「総合効果・将来計画」や受賞講演会の「終わりに」

で、「TQM を経営の中核に据える」という宣言をした。また、ビジョン 2030（V30）の全社への説明の冊子や説明会においても同様な宣言をトップから行っている。もちろん、TQM だけで経営ビジョンを達成できるものではないが、達成するための有効な手段であることを認識し、宣言を行ったことは TQM 活動の維持・継続という面において非常に良かった。

**Key ポイント**

- TQM の推進にはトップの宣言が非常に大切
- TQM の推進について日頃からいろいろな場面で話して、意識づけることが重要

## 3.9 受賞を通じての気づき

デミング賞の挑戦を通じて方針管理・日常管理が強化されたり、体系化・標準化が進んだなどのいろいろな効果が出たが、TQM は即効性のある外科的治療ではなく、じわじわと効いてくる漢方薬だと感じた。よって、TQM を維持継続し、定着化を図っていくことが非常に重要である。また、TQM を推進するにはトップが TQM を理解し、リーダーシップを発揮することが一番重要であり、これにより全員参加の TQM 活動が実践しやすくなると思っている。そして、効果的な活動にするには、3.4 節で述べたように外部のコンサルタントなどの評価・指導が必要である。いずれにしろ、TQM 活動を活性化し、活動のレベルを向上させるには、デミング賞の挑戦などのきっかけがあったほうが良いと思うし、また挑戦により、いろいろと打たれてみないと TQM は真まで理解できないと思う。

**Key ポイント**

- TQM は外科的治療ではない。漢方薬。じわじわ効いてくる。

- TQM を推進するには、強いリーダーシップが必要
- 第三者の評価が必要、皆が聞く、説得に使える。
- デミング賞などの挑戦がなければ TQM は真まで理解できないし、やってみないとわからないことが多い。

# 3.10　デミング賞大賞に向けて再度キックオフ

　2016 年 11 月のデミング賞授賞式を終え、事務局としては、審査時の内容をまとめた資料を活用した各種講演などで依然忙しい日々を過ごす一方で、社内は、TQM は一段落、小休止といった感があった。各部でのご苦労さん会、そして 2017 年 3 月には中條先生他、お世話になった方々を招いて感謝の会を開催した。もちろん、授賞式後、審査の結果の意見書も届き、事務局も各部も審査を通じて、明らかになった弱点や改善したいところが多くあると感じていたが、中條先生からも一旦はクーリング期間が必要と意見もいただき、しばらくの間、次はどうするといった話は、社内議論はせず、数カ月のクーリング期間をとった。

　次はどうするべきか、デミング賞大賞に挑戦するべきかどうかをまずは事務局である TQM 推進室内で議論した。日本科学技術連盟のデミング賞の受賞後のプログラムとしては、「3 年後にフォロー診断を受ける必要がある。一方、3 年後以降はデミング賞大賞に挑戦できる」であった。デミング賞はもちろん、TQM 活動の一里塚であり、TQM 活動は続けるわけであり、審査を通じて、弱点や改善点が見えてきている。どんどん良くしていきたいという思いが社内に強いと感じている。そこで「どうせ、3 年後にフォロー診断を受けるなら、TQM 活動をどんどん進めて、会社を良くしてデミング賞大賞を目指すべきである」と方針が固まった。TQM をすでにビジョン経営の根幹に取り入れているので、当然の結論であるし、TQM 活動の社内、部内経験者、役員の世代交代や異動も今後あるし、また、よく九州人は熱しやすく冷めやすいという。こ

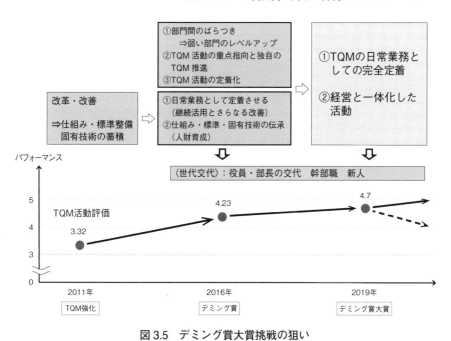

図3.5 デミング賞大賞挑戦の狙い

こで終わると TQM は定着しないなどの意見が出て、デミング賞大賞に向けた強力な TQM 推進がまだ必要と捉えたわけである。この方針を役員会やデミング賞準備分科会にかけ、方針を決定したわけであるが、各役員、各部長の中で異論のある人は皆無であった。**図3.5** にデミング賞大賞への挑戦の狙いを示す。

> ### Key ポイント
>
> - デミング賞の受賞後、活動のクーリング期間が必要
> - どうせ診断を受けるならデミング賞大賞に挑戦しよう。
>   - ▷ TQM の定着化が必要
>   - ▷ 経営と一体の活動（ビジョン経営）になってきている。
>   - ▷ 仕組み・標準・固有技術の伝承が必要
>   - ▷ 世代交代への対応が必要

## 3.11　指導会と社内 TQM 点検

　デミング賞大賞の外部コンサルタントには、引き続き中央大学理工学部教授の中條武志先生と、新たに慶應義塾大学客員教授の高橋武則先生にもお願いした。いろいろな意見を出してもらうために2名体制にしたわけである。指導会（社外 TQM 点検）は 2018 年 4 月～ 2019 年 7 月の間で 5 回実施した。さすがにデミング賞の挑戦時と違って先生方の言うことは、ほとんど理解できたが、レベルが高い指摘も数々あり、我々の TQM 活動レベル向上に非常に役に立った。また、外部による点検だけでなく、社内 TQM 点検の仕組みを構築し、各部ごとに点検を実施した。点検内容は、B スケジュールの点検内容とほぼ同じで、我々 TQM 推進室の役員、主要メンバーが審査員役になり、方針管理、日常管理、人材育成、各部活動について 1 回 2 時間程度の点検を行った（詳細は 4.2.5 項「社内 TQM 点検」を参照）。

### Key ポイント

- 複数の外部コンサルタントに頼むのもあり（いろいろな意見が聞くことができる）。ただし、TQM について余り理解できてない状況での複数のコンサルタントはリスクを伴う。言われていることがわからず混乱するだけである。

## 3.12　デミング賞大賞の実地調査（2019 年 9 月）

　実地調査を受けるにあたり、デミング賞審査意見書の課題の克服と活動の進化に取り組んだ。デミング賞と同様に、実情説明書も作成したが、デミング賞時の反省も織り込み「実情説明書作成要領」マニュアルを作成していたため、レベルの高いものができたと思っている。大賞では、進化の度合いが評価されるため、TMK の光りものを選定し、進化の度合いを示した。この部分につ

いて、少し詳しく説明する。光りものとは、TMK の TQM 活動の中で「これは他社の参考になる」と我々が考える取組み、考え方、手法などである。デミング賞の受賞時の報告内容から、それ以降の 3 年間でビジョンづくり、方針管理、小集団活動、組織能力および各戦略テーマにおいてどのような取組みの進化ができたのか、どのような光りものがあるかを考え、項目ごとに進化表にまとめた。そして、デミング賞大賞の実地調査の A スケジュール点検において、各発表セッションの最初にこの進化表を使い、どのように進化させているかを説明した。このような準備を重ね、2019 年 9 月に実地調査を受け、10 月にデミング賞大賞の受賞が決定した。

# 第4章

# ビジョン経営とTQM活動

第3章ではデミング賞からデミング賞大賞への挑戦のきっかけから実行について述べた。

この章ではこれらの挑戦の中で、TQM(理念、活動要素、手法)を活用した具体的な活動内容のうち主なものを説明する。経営ビジョンづくりから、ビジョン実現のための体系づくり、戦略づくりから、その実行そのもの、支える基盤づくりまでTQMをどう活用しているかを項目ごとに説明していく。この章の各節で述べる活動の効果については、最後の**4.11節**「総合効果」にて述べる。

## 4.1 ビジョン達成のための経営戦略

### 4.1.1 ビジョンの前提となる基本理念および志

この節では経営ビジョンづくりから、その実現のための経営戦略とTQMについて説明していくが、その前に、経営ビジョンの背景となるTMKの基本理念および志について述べる。

基本理念については、九州における独立した企業として「常にお客さまを第一に考える」や「地域社会の発展を目指す」、そして「ものづくりに熱意を燃

やし、やりがいと成長を実感できる "人が主役の、人を大切にした企業風土" を築く」を独自に掲げている。その中で「地域社会との発展」については特に重視している。

---

**【基本理念】**

①　法およびその精神を遵守すると共に、より良き地球環境の実現に取組み、社会に信頼される良き企業市民であり続けます。

②　常にお客様を第一に考え、世界中のお客様に喜びと感動を与えられる、魅力ある商品を提供します。

③　グローバルで革新的な経営により、長期安定的に成長すると共に、地域社会の発展および取引先との共存共栄を目指します。

④　労使相互信頼・責任を基本に、ものづくりに熱意を燃やし、やりがいと成長を実感できる「人が主役の、人を大切にした企業風土」を築きます。

---

　さらに、会社設立時にトヨタ自動車と取り交わした覚書における基本的考え方の一項目目に「トヨタ自動車の九州における戦略拠点としての役割を担い、独立法人としての自主性を保ちつつ、トヨタ自動車の分身会社としてトヨタグループの発展に寄与するとともに、地域社会の発展に貢献する」と明記されている。これを受けてTMKでは、クルマづくりは社内だけではできないことや、取引先、販売店、地域住民、教育機関、自治体を含めた地域全体で取り組まなければならないという考え方を全従業員が理解できるように、「TEAM Kyushu」(チーム九州)という合言葉を掲げ、ユニフォームへのロゴの織り込みなどで社内共有を徹底し、地域社会の発展に貢献する取組みを進めている。

　このような「九州の持つ力」を活用し、「九州の地」でクルマづくりを通じて産業や地域社会の発展に貢献し続けることがTMKの志である。

## 4.1.2　ビジョン 2015 からビジョン 2025

### （1）　ビジョン 2015（V15）

　TMK は、デミング賞の挑戦の前、2010 年に「ビジョン 2015」（以下、V15）を策定し、活動してきた。当時、TMK を取り巻く外部環境としては、① 2008 年のリーマンショックの影響によって、それまで順調に成長してきた自動車市場が低迷していたこと、②超円高の影響によって車両生産拠点が海外にシフトしたこと、③ 2009 年に米国でリコール問題が発生したことなどが挙げられ、変化が激しい外部環境に置かれていた。一方、内部環境としては、① 2005 年以降の宮田工場第 2 ライン、苅田工場、小倉工場の立上げで従業員が大幅に増加したこと、②業務多忙により人財育成が従業員の増加に追いついていないこと、③固定費の増加により、2008 年度に赤字に陥ったことなど、厳しい環境に置かれていた。

　このような環境の中、V15 では経営目標をオールトヨタ No.1 のレクサス主力工場となることとし、その内容として、①災害・疾病ゼロの継続、②オールトヨタ No.1 の品質の実現、③トヨタ環境戦略と連動した九州の先進拠点化、④オールトヨタ No.1 の生産性の実現、⑤操業度 70 ％でも利益を出せる収益構造の実現を主要経営 KPI に掲げた。このような経営目標を達成するための経営戦略を「生産台数 30 万台でも安定的に黒字を確保できる経営体質の構築」とし、その遂行の重点実施項目を次の 3 つの柱で活動した。Ⅰ．ヒトづくり：志高く挑戦し続ける、自立したプロ集団になろう。Ⅱ．社会との関わり：社会の一員として共に歩み、心から信頼される企業になろう。Ⅲ．モノづくり：世界の人々に感動を与える、高質廉価な Made in Kyushu 車をつくりだそう、の 3 つである。

　この戦略の実行に向けて、V15 リリースから 3 年間は、従業員一人ひとりの理解促進のための浸透活動に注力した。具体的には、V15 冊子の全員配布や各現場でのミーティングの実施であった。また、2012 年度には**図 4.1.1** の左側「ビジョン実現の全体像」を作成し、経営ビジョンと年度重点実施事項のつ

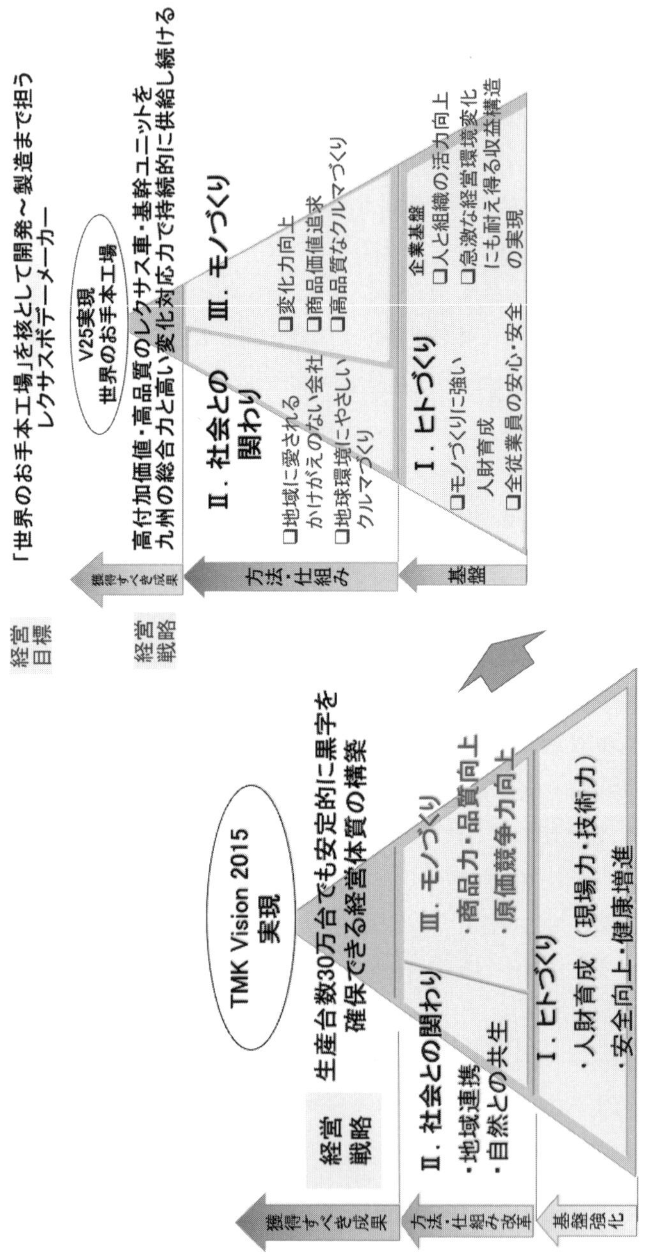


図 4.1.1　ビジョン 2015（V15）とビジョン 2025（V25）

ながりをより明確にした。さらに図 4.1.2 に示すように、各活動項目の関連性
を明確にして相乗効果が発揮できるようにした。

## (2) ビジョン 2025（V25）

V15 の最終年、2015 年度初めに、デミング賞の挑戦活動の中、次の 10 年先
を見据え、2025 年の目指す企業像としての「ビジョン 2025」（以下、V25）を次
の経営ビジョンとしてリリースした。

取り巻く外部環境は、グローバルでのラグジュアリー市場の成長機会がある
一方、市場は成長するものの生産拠点の海外シフト、カントリーリスク発生な
どによる生産変動、さらには急速に製品安全・排出ガス・燃費に関する規制が
変わることへの対応の遅れなどの脅威が挙げられた。内部環境は、こだわりの
造り込みによるレクサスブランドへの貢献、開発から製造まで一気通貫体制を
持つ強みがある一方、労務費上昇やエネルギー費上昇などによる収益構造の悪
化、技能系従業員の高年齢化の進行や、生産設備の経年による競争力の低下な
どの弱みも持っていた。このような環境の中、大きな成長機会が見込まれるレ
クサスにおいて、主力工場として培ってきた高品質なクルマづくりのノウハウ
と、開発から製造までの体制を保有するようになった強みと九州の総合力を活
かし、「世界のお手本工場」となる開発から製造までを担うボデーメーカーを
経営目標とした。

上記の経営目標を達成するため経営戦略は、「TMK 独自の競争力と地域と
の連携により高付加価値・高品質のレクサス車・基幹ユニットを供給し続け
る」である。V15 では会社規模の急拡大によって発生したさまざまな内部課
題への対応に重点を置き、「経営体質を構築すること」を経営戦略に掲げたが、
V25 では、外部環境を捉えて TMK が持つ強みをいかに発揮するかとの視点か
ら「レクサスへの集中」へと、より戦略的なものとした（図 4.1.1 の右側）。

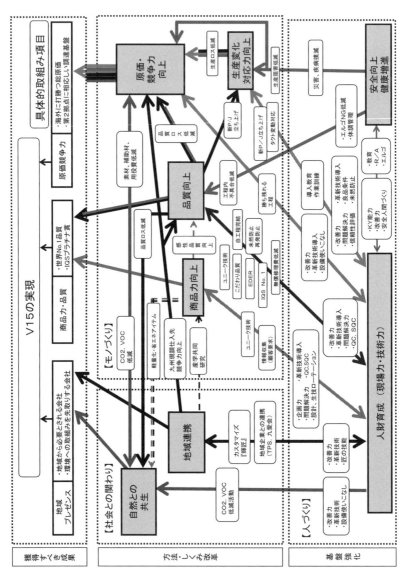

図 4.1.2　各活動項目の関連性明確化

### 4.1.3 環境変化からビジョン 2030（V30）を策定

　デミング賞の受審時は 2010 年に策定した V15 に対して、当時の環境変化から V25 を策定していた。2017 年、次に述べる大きな環境変化を受け、デミング賞の受賞後になるが、V30 策定を進めた。ここでは、TQM を通じたビジョンの進化について V25 から V30 への事例で説明する。2016 年 4 月に、トヨタ自動車の新体制において、ビジネスユニットの一つである「レクサス・インターナショナル・カンパニー」（以下、LIC と略す）の一員に位置づけられるという新たな環境変化があった。これにより、これまでの製造受託の一工場から、カンパニーの一員として、より商品軸で役割向上を果たしていかなければならないという変化に直面した。また、デミング賞の受審後に、自動車業界は、CASE や MaaS を代表とする大きな地殻変動が生じ、パラダイムシフトが必要になった。このような LIC 内での役割変化にともない、V25 の進化ではなく、新たに改革型の V30 を策定し、これに対応することにした（**図 4.1.3**）。

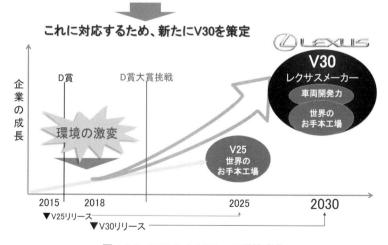

図 4.1.3　V25 から V30 への環境変化

## 4.1.4　ビジョン2030の策定ステップ

V30 の策定ステップを図4.1.4 に示す。

**第1章**の図1.1 の経営ビジョン、経営目標、経営戦略と TQM の関係図を
ベースに「環境変化」や「独自の強み・弱み」を追加している。策定ステッ
プは、最初に、①LIC 戦略、会社理念、TQM 理念や、②環境変化や独自の強
み・弱みにもとづいて、③ビジョンと経営目標を策定し、その後、その実現の
ための④戦略テーマをクロス SWOT 分析によって導いている。これから①～
④について詳細に説明する。

### ①　会社理念・TQM 理念・LIC 戦略

**4.1.1 項**にて詳細を説明した会社理念・志および TQM 理念および LIC 戦略

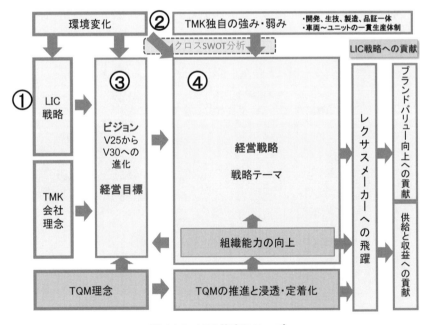

**図4.1.4　V30 策定ステップ**

が常に経営ビジョンの土台となる。会社理念は、法の遵守、お客様第一などであり、LIC 戦略は、「ブランドバリュー」と「供給と収益」が柱であり、ブランドバリューでは、「創造的な先進技術」、「挑戦するデザイン」、「匠の技」、「すっきりとした奥深い味わい」といった競合と異なる独自性を追求する「4つのディファレンシエター」の領域と、「卓越した品質」、「おもてなし」といった常に競合を凌駕する「コアストレングス」の領域によるブランドポジションの確立である。TQM 理念はお客様第一、絶え間ない改善、全員参加となっている（**図 4.1.5**）。

### ② 環境変化、TMK 独自の強み・弱み

外部環境では、機会として、CASE に代表されるような「クルマの技術革新」や「レクサス・インターナショナル・カンパニーの一員としての役割拡大」、脅威としては、「グローバルでの競争激化」や「他工場との生産配分や現

| 会社理念（抜粋） | ・法およびその精神の遵守　　・より良き地球環境実現への取組み<br>・社会に信頼される良き企業市民 |||
|---|---|---|---|
| | ・お客様第一<br>・世界中のお客様に喜びと感動を与えられる、魅力ある商品の提供 |||
| | ・グローバルで革新的な経営による長期安定的成長<br>・地域社会の発展　　　　・取引先との共存共栄 |||
| | ・労使相互信頼・責任<br>・「人が主役の、人を大切にした企業風土」の構築 |||
| LIC 戦略 | ブランドバリュー | Exciting、Visionaryの観点で競合を凌駕するブランドポジションの確立 | 4つのディファレンシエター | 創造的な先進技術 |
| | | | | 挑戦するデザイン |
| | | | | 匠の技 |
| | | | | すっきりとした奥深い味わい |
| | | | コアストレングス | 卓越した品質 |
| | | | | おもてなし |
| | 供給と収益 | グローバルシェア | 供給 | 2025年〇〇万台 |
| | | 収益確保 | 収益 | 2025年〇〇億円 |
| TQM理念 | お客様第一、絶え間ない改善、全員参加 ||||

**図 4.1.5　会社理念、LIC 戦略、TQM 理念**

地化」が新たな変化である。

　内部環境では、強味としては、「開発・生技・製造・品質保証一体」の体制が整備されたこと、弱みは、「設備の老朽化と、対応スペース不足」が新たな変化である（**表4.1.1**）。

表 4.1.1　環境変化、TMK 独自の強み・弱み

〈外部環境〉

| 項目 | 環境変化 | | TMK への影響 | |
|---|---|---|---|---|
| 社会・市場 | 高級車、小型車に偏った成長 | | ラグジュアリー市場の拡大 | 機会 |
| | グローバルでの競争激化<br>（第3勢力の台頭、カーシェアリング） | | 台数減リスク | 脅威 |
| | 労働力人口の減少 | | 採用の難化 | 脅威 |
| | 九州の潜在能力（産学官） | | 活用機会（ベンチャー他） | 機会 |
| 技術 | クルマの技術革新（CASE） | | 電動化の加速<br>車両構造の変化、軽量化 | 機会 |
| | IT による革新 | | 活用機会（ベンチャー他） | 機会 |
| 規制動向 | 環境規制強化 | | $CO_2$ 低減 | 脅威 |
| トヨタグループ内 | LIC の一員としての役割拡大 | | レクサスブランドづくりへの貢献の期待 | 機会 |
| | 他工場との台数配分や現地化 | | 台数減リスク | 脅威 |

〈内部環境〉

| 項目 | 強み | 弱み |
|---|---|---|
| 人・組織 | ・レクサスマインドを持つ匠集団<br>・開発・生技・製造・品証一体<br>・チーム九州としての強い連携力 | ・歪な年齢構成（内転効果なし）<br>・開発部門の経験・量の不足 |
| ハード | ・基幹ユニット〜車両の一貫生産 | ・設備の老朽化と対応スペース不足 |
| 基盤 | ・特に変化なし | ・三河依存が残る設備・部品調達<br>・ボデーメーカーとしての担当領域不足<br>・意思決定の制約（TMC100％出資子会社） |
| 実力 | ・ときめき＋やすらぎ品質が提供価値<br>・同クラス他工場に負けない生産性<br>・変化への対応力 | ・低い変化への対応力（間接）<br>・保全費増加 |

### ③　ビジョンと経営目標

ここまで述べた①と②から次のように経営ビジョンと経営目標を策定した。

---

**【経営ビジョン】**

　レクサスメーカーへの飛躍により、LIC のメインプレイヤーとしてブランド価値向上に貢献する。

**【経営目標】**

　世界トップクラスのモノづくり競争力確立による、

- ブランドバリュー向上の貢献度レベルの達成
- 供給・収益への貢献度レベルの達成

---

### ④　戦略テーマの導き出しとテーマ間の関係

③の経営目標を実現するための戦略テーマの導き出しについては、図 4.1.6 に示すように、特にブレーンストーミングによりクロス SWOT 分析を行い、取り組むべき課題を明確にした。そして、経営目標達成に向けてクロス SWOT 分析結果の絞込みを行い、5つのテーマを設定した。

---

**【戦略テーマ】**

　　テーマⅠ：レクサスのモノづくりで世界トップを追求

　　テーマⅡ：LIC の一翼を担う車両開発力の実現

　　テーマⅢ：変化に強くスピード感ある人財、組織づくり

　　テーマⅣ：変化に強い強じんな収益力の獲得

　　テーマⅤ：地域との協働協創による九州競争力の向上

---

図 4.1.7 は、戦略テーマとその関係を表す図である。戦略テーマⅠ、Ⅱの「レクサスのモノづくりで世界トップを追求」と「LIC の一翼を担う車両開発力の実現」は、TMK の事業そのもの、そして、戦略テーマⅢ、Ⅳの「変化に

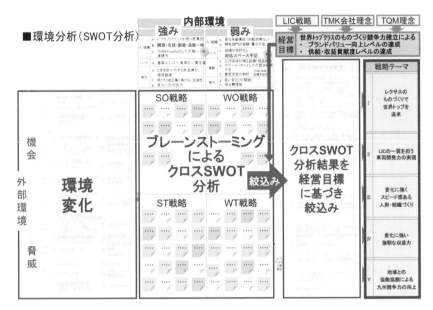

図4.1.6　クロスSWOT分析による戦略テーマ設定

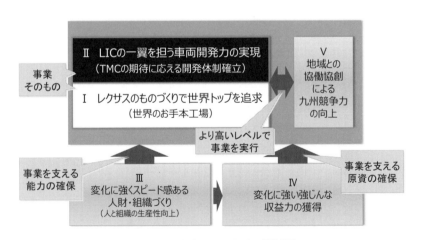

図4.1.7　戦略テーマとその関係図

強くスピード感ある人財、組織づくり」と「変化に強い強じんな収益力の獲得」は、その事業を支える戦略、戦略テーマⅤの「地域との協働協創による九州競争力の向上」はその事業を支える戦略、より高いレベルで事業を実行していく戦略という関係になる。このように戦略テーマ間の関係を明確にすることは各戦略テーマの連携や分担など、実行計画の立案過程で重要である。

　ここまで、V30 の経営ビジョンから経営目標、戦略テーマを説明してきたので、ここで V25 から V30 でどのように進化させているかを説明する。一つ目は、世界のお手本工場」から「レクサスメーカー」に飛躍するために、車両開発力を強化する戦略テーマⅡを追加した。二つ目は、V25 では混在していたが、V30 では「方針管理」と「日常管理」を区分した。すなわち、V30 では戦略テーマをフューチャーブル型の改革項目に絞っている（**図 4.1.8**）。

　次に、LIC 戦略と戦略テーマの関係については、**図 4.1.9** に示すようなマトリックスを使って確認・整理している。関係性の強弱を点数化し、マトリック

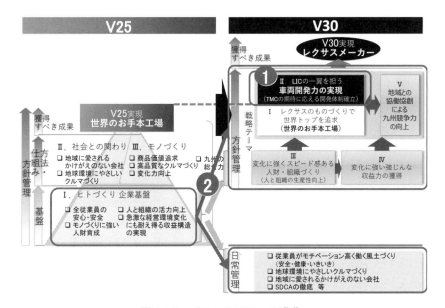

**図 4.1.8　V25 から V30 への進化**

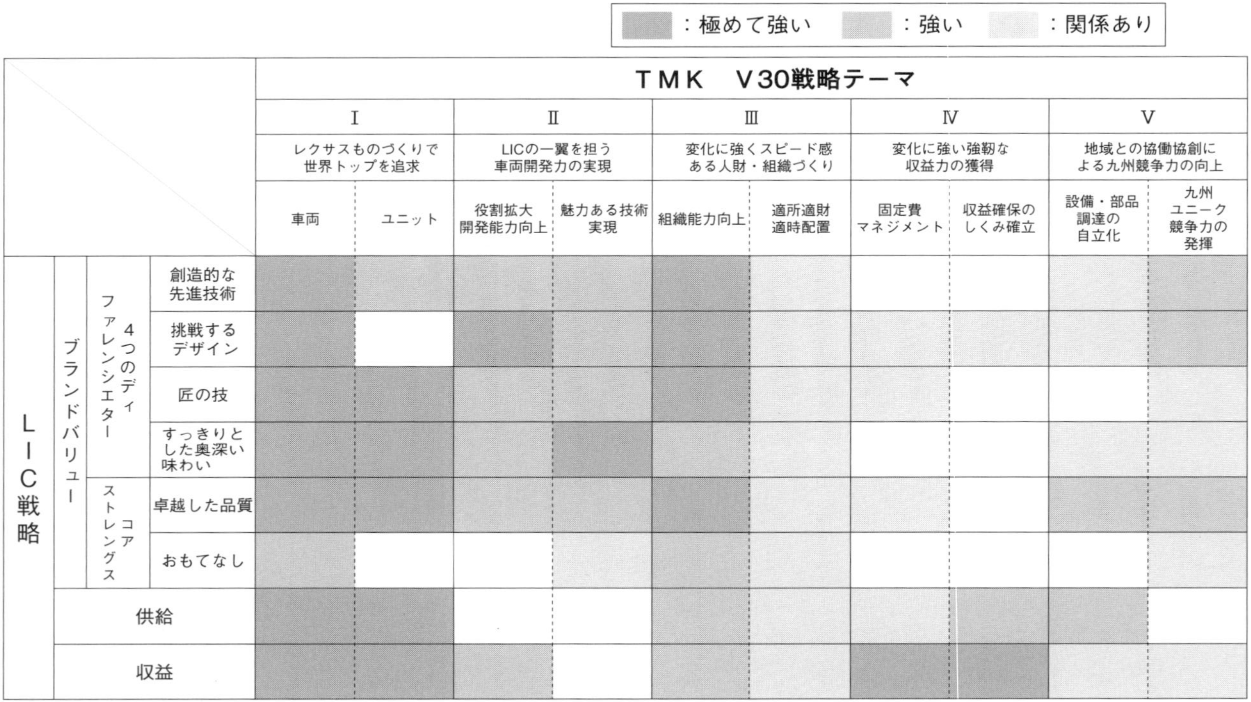

：極めて強い　　：強い　　：関係あり

ＴＭＫ　V30戦略テーマ

| LIC戦略 | | I レクサスものづくりで世界トップを追求 | | II LICの一翼を担う車両開発力の実現 | 魅力ある技術実現 | III 変化に強くスピード感ある人財・組織づくり | | IV 変化に強い強靭な収益力の獲得 | | V 地域との協働協創による九州競争力の向上 | |
|---|---|---|---|---|---|---|---|---|---|---|---|
| | | 車両 | ユニット | 役割拡大開発能力向上 | | 組織能力向上 | 適所適財適時配置 | 固定費マネジメント | 収益確保のしくみ確立 | 設備・部品調達の自立化 | 九州ユニーク競争力の発揮 |
| ブランドバリュー | アイデンティティ | 創造的な先進技術 | | | | | | | | | |
| | | 挑戦するデザイン | | | | | | | | | |
| | | 匠の技 | | | | | | | | | |
| | | すっきりとした奥深い味わい | | | | | | | | | |
| | ステータス | 卓越した品質 | | | | | | | | | |
| | | おもてなし | | | | | | | | | |
| 供給 | | | | | | | | | | | |
| 収益 | | | | | | | | | | | |

図 4.1.9　LIC 戦略と戦略テーマの関係整理

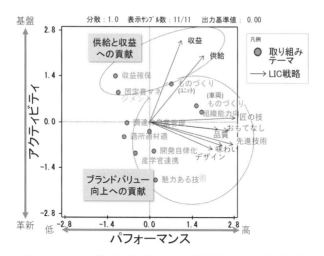

図 4.1.10　LIC 戦略と戦略テーマの関係（主成分分析結果）

スデータ解析法により主成分分析を行った結果を図 4.1.10 に示す。分析により各活動が、「ブランドバリュー向上」と「供給と収益」の 2 つの側面で LIC 戦略の実現に貢献していることがわかった。具体的には、戦略テーマⅠ・Ⅱが、「ブランドバリュー」向上に、戦略テーマⅣが、「供給と収益」に貢献する。この結果から、活動間で相乗効果を発揮する取組みを行い、LIC 戦略への貢献度をより高めることにつなげている。

## Key ポイント

- TQM と経営ビジョン・経営戦略の全体関係図（全体像）は全員が TQM 活動と経営ビジョンとの関係を理解するのに大変重要
- 経営ビジョンづくりにおいて、環境変化だけでなく、会社理念・TQM 理念の振返りまた、各社の立場により、グループ会社・親会社の戦略とのマッチングは重要
- ビジョンはフューチャープル型とするべき
- 戦略テーマ間の関係を明確にすることは各戦略テーマの実行計画立案に

重要

## 4.1.5　ビジョン経営と全員参加

　図 4.1.11 に示すように、V30 では TQM を会社マネジメントの軸に置き、経営ビジョンから小集団活動や個人テーマまでのつながりを明確にして「実行力」を高めることにも力を入れた。これにより、ビジョン実現への貢献の見える化、すなわち、全員参加によるビジョン実現を目指す全員参加型の経営につながると捉えている。

　戦略テーマごとに、2030 年に目指す具体的な姿を明確にし、「中期経営計画」で戦略テーマごとの 3 カ年の「目標」と「方策」を設定している。また、「年度方針」で毎年の「目標」と「方策」にブレイクダウンするようにしている。

　この詳細は、この後の **4.4 節**「方針管理の充実と進化」で述べる（**図 4.1.12**）。

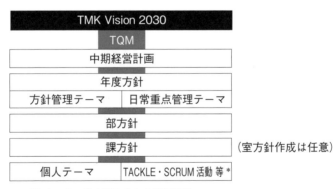

＊PJ チーム、自主研も含む小集団活動

**図 4.1.11　TQM とマネジメント体系（ビジョン経営）**

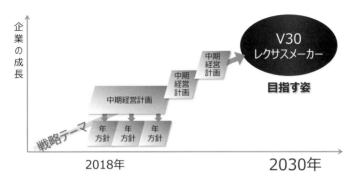

図 4.1.12 中期経営計画の策定

Key ポイント

• 経営ビジョン～中期経営計画～会社方針～部方針～小集団活動までのつながりの明確化が貢献の見える化になり全員参加型の経営につながる。

• 小集団活動までのつながりの明確化は、QC サークル活動(タックル活動、スクラム活動)の活性化にも役立つ(**4.6 節**「小集団活動の活性化」で詳述)。

## 4.2 TQMの推進

第1章のTQMの全体像で簡単に説明した「TQM活動全体像」(図4.2.1)の中の各①〜⑪を参照しながらTMKのTQM活動の取組みを詳細に説明する。

### 4.2.1 TQMマスタープランづくり

最初は、②TQMマスタープラン(中期改善計画)である。

デミング賞の受賞後、次の同大賞への挑戦に向けて、各種の課題を整理し、TQMマスタープランを作成し推進してきた。マスタープランの作成プロセスを図4.2.2に示す。経営ビジョン実現のための戦略テーマ実行や組織能力向上のためのTQM推進の課題およびデミング賞の受審時の審査、意見書などや、TQM活動レベル評価シートの課題を整理し、マスタープランを作成した。

作成したマスタープランを図4.2.3に示す。

この中で全般の中の組織能力の向上、方針管理、日常管理、小集団活動については、それぞれ、別の節を設定し詳しく説明する。この節では、独自のTQM推進の項目の内容を説明する(図4.2.3の中の吹き出し)。

この独自のTQM推進の内容とは、言い換えるとTMKのTQMの中身の明確化であり、独自のTQM定義書の作成、活動要素の整理、シンボルマークの見直し、TQMレベル評価シートの見直しなどである。

### Key ポイント

- TQM活動を強力に推進するためにはマスタープランが必要
- 自社のTQM活動の全体像を作成し、情報共有したほうが良い。

### 4.2.2 TQM定義書作成(自社のTQMとは何かの整理)

次は、③TQM定義書(図4.2.1を参照)について説明する。

TQMの内容は何かと問われて、概念のみを話していては、会社の全員がつ

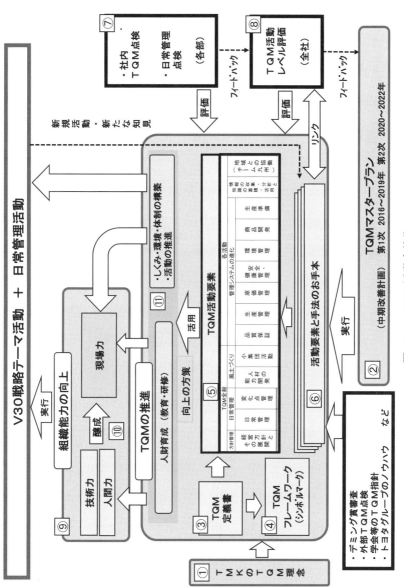

図 4.2.1　TQM 活動全体像

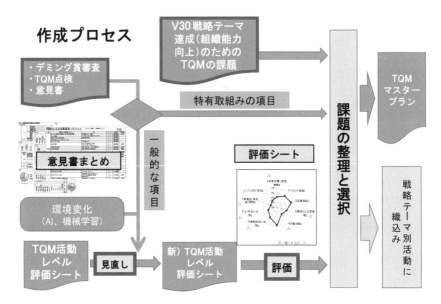

**図4.2.2 TQMマスタープランの作成プロセス**

いてこない。教育を進めていくのも、このTQMとは何かの答えを持っていないと事務局としては困るのである。いろいろなTQMの書籍や日本科学技術連盟のガイダンスによれば、TQMは「理念、活動要素、手法」から構成されるが、内容は必ずしも、わかりやすいものでなく、TMKの状況にマッチしているわけではない。そこで、一般的なTQMと、TMKのTQMとの違いをわかりやすく表現し、社員の理解度向上のために、「TMK版TQM定義書」をデミング賞の受賞後の2017年に作成した。内容については、トヨタグループのTQM理念や活動体系を踏襲し「理念×活動要素×手法」のつながりを明確にした（図4.2.4）。

**【Keyポイント】**
• TQMとは何か、TQMはわかりにくいので各社としてTQM定義書は必要

## 4.2.3　TQM フレームワーク（シンボル）の作成

　次は、④ TQM のフレームワークである。フレームワークは、デミング賞を受賞する前の 2015 年 4 月に作成した。

　TQM 宣言、デミング賞チャレンジ宣言は幹部職を集めた集会を実施し、また、会社方針に掲げたものの、現場の生産スタッフ全員に TQM 活動を理解してもらい、会社の中では TQM を当たり前のものにするために、社内で何か継続的に TMK の TQM 活動が目に入る仕掛けが必要と考えた。各職場で最も身近な TQM 活動は QC サークル活動である技能系職場のタックル活動、事技系職場のスクラム活動である。

　そこで、それらの部内発表会やブロック大会、全社大会や各種 QC サークル教育の場など TQM 教育の場で毎回活用するようなわかりやすいシンボルマークが良い手段と考えた。

　さて、どんな絵にするべきか。まず、トヨタグループの TQM のシンボルのおさらいをしてみた。TMK はトヨタグループの一員であり、グループ内には TQM 推進の連絡会があり、TQM の推進を議論し、毎年方針を作り、実行している。

　また、毎年、11 月にはオールトヨタ TQM 大会を実施している。そこで、トヨタグループとしてどんな TQM のシンボルマークがあるかを確認した。第 1 に TQM 理念のシンボルマークとして「お客様第一、全員参加、絶え間ない改善」の真ん中に「TQM」がある三角形が使われていた。また、TQM 全体図として方針管理、日常管理、風土づくりからなる三角形のマークが使われていた。一方、当時、TMK は V25 としてヒトづくり、モノづくり、社会とのかかわりからなる三角形の頂点にビジョン達成、世界のお手本工場を載せた絵を活用しており、これらの 3 つのシンボルを合体させて、新たなシンボルマークを作成した（図 4.2.5）。

　真ん中に方針管理、日常管理、風土づくり、これにより、TQM の目標である仕事の質と人と組織の活力を左右に並べ、その左に原動力となる技術力、人

| | | | | | 大日程 |
|---|---|---|---|---|---|
| 分類 | 課題 | あるべき姿<br>（2019年デミング賞大賞時） | 目標 | 目標達成の為の<br>活動の重点 | 担当 |
| 全般 | ・TQM活動レベルがまだ低い　部門間のばらつきが大きい<br><br>・特徴的な活動が曖昧で、TQMの独自性があまり感じられない<br><br>・組織能力の評価指標がない | ・TQMが経営の核、日常業務として定着化<br><br>・経営環境に応じた独自性のあるTQM活動の実施<br><br>・TQMを活用し、必要とされる組織能力が向上 | TQM活動<br>レベル<br>4.7<br>組織能力<br>＊＊ | ・TQM教育の充実<br><br>・社内TQM点検や外部点検による活動レベルの向上<br><br>・TMKの強み、特徴ある活動をさらに伸ばしていく<br><br>・組織能力の明確化と指標づくり | TQM<br>推進室<br>人財<br>開発部 |
| 方針<br>管理 | ・「世界のお手本工場」が不明確<br><br>・方針の評価　CAが弱い<br><br>・方針／日常管理が混在<br>・方針の展開が不十分<br>a) 上位〜下位までのつながり<br>b) アクションプランへの落とし込み | ・フューチャープル型のビジョン構築<br>・経営目標、戦略の明確化<br><br>・方針管理の仕組みの評価が実施されPDCAが回っている。 | 方針<br>達成度<br>＊＊% | ・レクサスカンパニーを考慮したV25の再構築と経営指標の明確化<br>・25年をゴールにしたマイルストーン作成<br>・プロセス指標評価の厳密化<br>・方針管理の仕組みの評価づくり（標準化）<br><br>・方針管理の教育の充実<br><br>（全幹部職対象） | 経営<br>企画部<br>TQM<br>推進室<br>全部署 |
| 日常<br>管理 | ・業務要領、フローが整備されてない。<br><br>・業務の良し悪しの判断基準不明確<br><br>・業務の見える化と進捗管理が弱い | ・日常管理教育の推進と部門ごとに自主的に進める体制づくり（品質アセス方式）<br><br>・主要業務の標準化とSDCAサイクルの定着 | 社内TQM点検<br>日常管理評価点<br><br>4点以上 | ・日常管理の教育、アセッサーの育成<br><br>・社内TQM点検を通じて弱点の把握と改善 | TQM<br>推進室<br>全部署 |
| 小集団<br>活動 | ・事務管理部門の日常管理が弱い<br><br>・安全、品質の未然防止が弱い<br><br>・新しい手法の対応が弱い | ・SDCAを回すことによりスタッフの生産性向上<br><br>・タックル活動に未然防止が定着し効果が出ていること<br>・機械学習・AI等の教育のしくみ構築（内製化） | スタッフの<br>生産性向上<br>＊＊%<br><br>未然防止QC<br>活用率10%以上<br><br>教育の実施 | ・事技系のJKKの強力な推進<br>⇒　業務の効率化、<br>　　スタッフの生産性向上<br><br>・未然防止型QCストーリーの展開と浸透（タックル活動）<br><br>・教育体制、教育資料の整備と講師の育成 | TQM<br>推進室<br>全部署 |

図 4.2.3　TQM

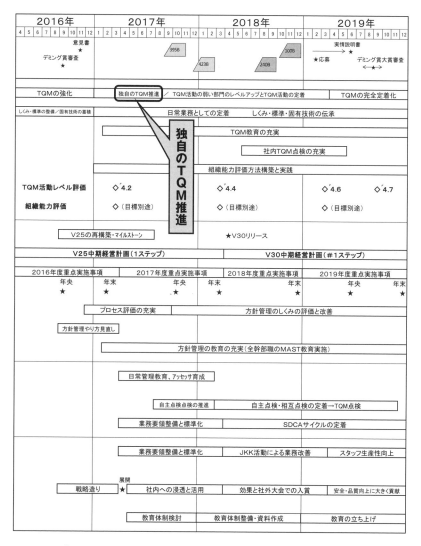

マスタープラン

| | | 定義 | 目的 | 手段 |
|---|---|---|---|---|
| TQMのフレームワーク <br> | TQM<br>理念<br><br>(原則) | 一人ひとりの<br>行動の基本と<br>なる考え方 | お客様第一 | 絶え間ない改善<br><br>自工程完結 |

| | | 定義 | TQM全般 | |
|---|---|---|---|---|
| | | | 方針管理 | 日常管理 |
| | 活動<br>要素 | 特定の狙いをもっ<br>たひとまとまりの<br>組織としての行動 | 経営方針とその展<br>開(PDCA) | 日常管理<br>(標準化・SDCA)<br><br>変化点管理<br>(変化対応力含む) |
| | 手法 | 活動要素を効果的<br>効率的に進めるた<br>めの支援技法・ツ<br>ール | クロスSWOT分析<br>PEST<br>3C分析 | QC工程表<br>工程異常報告書<br>作業標準書<br>技能評価シート<br>エラールーブ化 |

（左端縦書き：TMKのTQM）

図 4.2.4　TMK 版

間力、現場力を並べ、三角の右側に行動理念としてトヨタグループのお客様第一、全員参加、絶え間ない改善を置いた。当時はまだ、組織能力の議論が進んでおらず、原動力として技術力、人間力、現場力を並べた。

　先に述べたように会社のTQM関係行事、例えば、タックル活動発表会などであるが、また、各種TQMの教育講座、教育資料でいつも、このシンボルマークを使い、中身を説明し続けることによって、全社員になじみのあるマークになってきており、TQMの浸透に役立っていると考える。

　デミング賞の受審後はV30の策定に合わせ、微修正を図4.2.6のとおり加えた。変更点の一つ目として組織能力の概念・位置づけを明確化した。二つ目

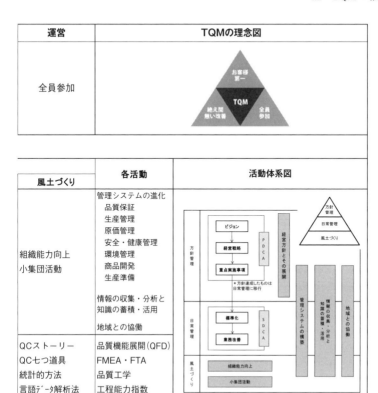

の TQM 定義書

は、このフレームワークを継続的に活用できるように、「世界のお手本工場」
を「TMK Vision」に変更した。

**Key ポイント**

- TQM の浸透には、いろいろな場面で活用でき、長期的に使えるわかり
  やすいシンボルマークが必要

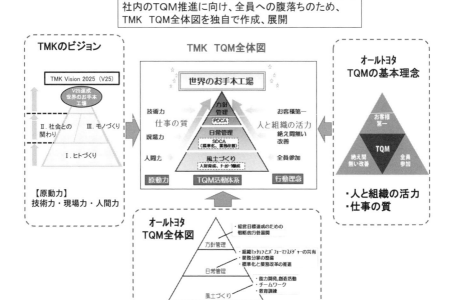

図 4.2.5　独自の TQM シンボルマーク（デミング賞の受審時）

図 4.2.6　独自の TQM シンボルマーク（デミング賞の受審後）

## 4.2.4　活動要素の明確化

　次は、⑤ TQM 活動要素と⑥活動要素＆手法のお手本である（図 4.2.1 を参照）。

　4.2.2 項で説明した TQM の定義書の構成である「理念、活動要素、手法」の中の「活動要素」について、デミング賞の受審時より、TMK の状況にマッチした独自の活躍要素を設定していた。図 4.2.7 の上側が、そのデミング賞の受審時の、TMK 独自の TQM 活動要素である。マスタープランの項で述べたとおり、その後の環境変化やデミング賞の挑戦を通じて得られた、知識、ノウハウを織り込んで図 4.2.7 の下側のように見直している。

　主な変更内容を紹介すると、全体構成は当初デミング賞の審査基準をベース

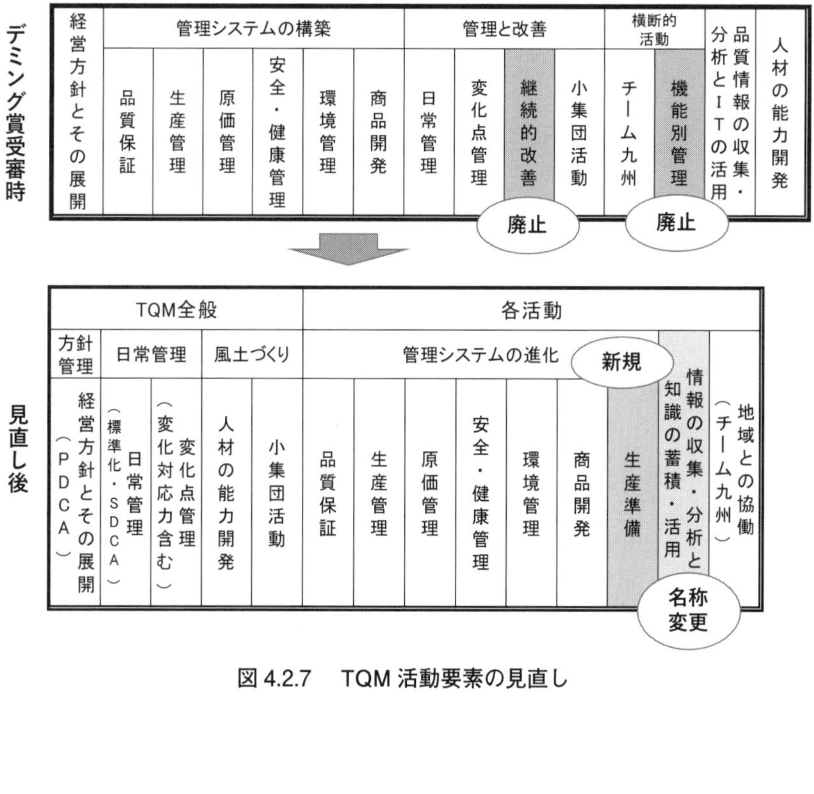

図 4.2.7　TQM 活動要素の見直し

にしたが、わかりやすいように、TMK のフレームワークの方針管理、日常管理、風土づくりをベースにし、その横に管理システムなど、各活動を並べる形に見直した。また、V30 を受け、活動の絞込み、廃止、変更をしており、例えば、定着化した継続的改善や機能別管理は廃止し、V30 で重要な生産準備を追加している。

なお、V30 戦略テーマと新しい活動要素との関係を図 4.2.8 のように整理している。すなわち、V30 達成のために活用する活動要素を明確にしている。

次に、⑥活動要素&手法のお手本だが、我々は、活動をただやみくもに行っているのではなく、各活動を行うためのお手本も持っている。良い活動や新たな知見はお手本に織り込み、お手本を参考にして活動を行っている。
お手本の事例を表 4.2.1 に示す。

## Key ポイント

- TQM 活動要素の整理が大事。これが理解できないと TQM を活用するという意味がわからない。
- TQM 活動要素は方針達成のための具体策を検討するのに役に立つ。
- TQM 活動要素を共有化して活動につなげることが重要
- TQM 活動要素と戦略テーマの関係の整理はどう活動要素を使うかを明確にするために重要

## 4.2.5 社内 TQM 点検

次は、⑦社内 TQM 点検(図 4.2.1 を参照)である。デミング賞の受賞時、TQM 活動において部門間のばらつきがあった。それで、独自で社内の点検ができる仕組みを構築し、各部ごとに点検を実施した。デミング賞審査のBスケジュールに相当するものである。点検にあたって、最初に方針管理、日常管理、人財育成のチェックシートを作成した。そして事前に各部にチェックシートを配布し、自部署内の事前チェックを実施してもらい、問題点を改善しても

| 戦略テーマ ＼ TQM活動要素 | | | TQM 全般・方針管理・経営方針とその展開（PDCA） | TQM 全般・日常管理・日常管理（標準化・SDCA） | TQM 全般・日常管理・変化点管理（変化対応力含む） | TQM 全般・風土づくり・人材の能力開発 | TQM 全般・風土づくり・小集団活動 | 各活動・管理システムの進化・品質保証 | 各活動・管理システムの進化・生産管理 | 各活動・管理システムの進化・原価管理 | 各活動・管理システムの進化・安全・健康管理 | 各活動・管理システムの進化・環境管理 | 各活動・管理システムの進化・商品開発 | 各活動・管理システムの進化・生産準備 | 各活動・情報の収集・分析と知識の蓄積・活用 | 各活動・地域との協働（チーム九州） |
|---|---|---|---|---|---|---|---|---|---|---|---|---|---|---|---|---|
| V30戦略テーマ | Ⅰ レクサスものづくりで世界トップを追求 | 車両 | ◎ | ◎ | ◎ | ◎ | ◎ | ◎ | ○ | ○ | ○ | ○ | ○ | ◎ | ◎ | ○ |
| | | ユニット | ◎ | ◎ | ◎ | ◎ | ◎ | ◎ | ○ | | | | | ◎ | ◎ | ○ |
| | Ⅱ LIC の一翼を担う車両開発力の実現 | 開発自律化 | ◎ | | | ◎ | | | | | | | ◎ | | | |
| | | 魅力ある技術の実現 | ◎ | ○ | | ◎ | ○ | ○ | | | | | ◎ | ◎ | ◎ | ○ |
| | Ⅲ 変化に強くスピード感のある人財、組織づくり | 人財育成と組織能力の強化 | ◎ | ○ | ○ | ◎ | ○ | ○ | ○ | ○ | ○ | ○ | ○ | ○ | ○ | ○ |
| | | 適所適材適時配置 | ◎ | | | ◎ | | | | | | | | | | |
| | Ⅳ 変化に強い、強靭な収益力の獲得 | 強靭な収益力の獲得 | ◎ | ○ | | ○ | | ○ | ○ | ◎ | ○ | ○ | ○ | ○ | | |
| | Ⅴ 地域との協働協創による九州競争力の向上 | 設備・部品調達の自立化 | ◎ | | | ○ | | ○ | ○ | | | | | ○ | ○ | ◎ |
| | | 産学官連携のスキーム確立 | ◎ | | | ◎ | | | | | | | ○ | ○ | ○ | ◎ |
| 日常管理 | 日常管理（安全、品質、生産、原価、環境） | 製造部 | | ◎ | ◎ | ○ | ◎ | ◎ | ◎ | ○ | ○ | ○ | | ○ | ○ | |
| | | 事務部門 | | ◎ | | ○ | ◎ | | | ○ | | | | | ○ | |
| | | 技術部門 | | ◎ | ○ | ○ | ◎ | ◎ | ◎ | ○ | ○ | ○ | ○ | ○ | ○ | |

図 4.2.8　V30 戦略テーマと TQM 活動要素との関係

## 表 4.2.1　お手本の事例（品質保証）

| 項目 | | あるべき活動 | 手法＆ツール |
|---|---|---|---|
| 品質保証 | 全般 | • 品質保証担当責任者と専門担当組織の設定<br>• 品質保証の仕組みと改善<br>• 品質保証規則の整備と展開<br>• 品質方針の策定と展開<br>• 監査改良会議などによる品質問題検討 | • 品質機能展開<br>• 品質保証規則システム |
| | 設計・開発 | • 設計標準、技術標準の整備<br>• DR<br>• 設計未然防止活動<br>• 失敗事例、不具合事例の DB 作成と活用<br>• 技術の棚化<br>• MBD（Model Based Development）<br>• 技術開発の仕組み | • 設計 FMEA、FTA<br>• 信頼性工学<br>• 品質工学<br>• 品質機能展開<br>• CAD、CAE シミュレーション技術 |
| | 生産準備 | • 未然防止活動<br>• こだわり造り込み活動<br>• 技術の棚化<br>• 生産技術標準の整備（TMS）<br>• 技術開発の仕組み<br>• 汎用化<br>• 加工点保証計画<br>• 良品条件計画 | • 工程 FMEA、設備 FMEA<br>• VR、MR、AR<br>• 業務フロー図、業務分担表 |
| | 製造準備 | • 加工点保証整備<br>• 良品条件整備<br>• 標準類の整備<br>• 工程能力把握<br>• 未然防止活動<br>• 工程保証度確認<br>• 重要工程監査 | • 作業手順書、要領書<br>• QC 工程表<br>• 作業 FMEA<br>• QA ネットワーク<br>• QCMS<br>• 工程能力指数 |
| | 量産 | • 初期流動管理<br>• 変化点管理<br>• 製造保証3点セット<br>• 品質アセスメント<br>• 匠活動<br>• 小集団活動（問題解決）<br>• 外部品質監査、内部品質監査<br>• 品質不具合発見者表彰制度<br>• 検査管理、計測管理、計測器管理<br>• 納入先品質情報の収集と解析 | • QA ネットワーク<br>• QCMS<br>• JKK 診断シート<br>• QC ストーリー<br>• 作業手順書、要領書<br>• 各種チェックシート<br>• あんどん<br>• 生産管理版<br>• 品質アセスチェックシート |
| | 市場 | • EDER 活動<br>• IQS、PQS 向上活動<br>• 品質情報の収集（DAS、CR、PQS、etc.）<br>• 品質情報検索システムの構築<br>• 顧客ニーズの収集（アンケート、訪問）<br>• 無償修理低減活動（現品調査含む）<br>• CQE 駐在活動 | • ベンチマーク活動<br>• ルールエンジン<br>• アンケート調査手法<br>• テキストマイニング<br>• SQC 手法<br>• IT ツール活用 |

らった。点検は TQM 推進室の役員、室長、主査で行った。1 部署当たり、2 時間程度の点検を実施した。点検内容は方針管理、日常管理、人財育成、各部の活動である。

　点検後は、**図 4.2.9** に示すような社内 TQM 点検結果報告書を発行し、弱点の改善を実施してもらっている。**表 4.2.2** に方針管理、日常管理のチェックシートの質問項目を示す。

### Key ポイント

- 社内 TQM 点検を実施するにあたっては、各部の理解活動が必要
- TQM 活動の維持、継続のために社内 TQM 点検のような活動を継続的に実施するべき。
- 年に 1、2 回は、外部のコンサルタントに依頼し一緒に点検してもよい。

## 4.2.6　TQM 活動レベル評価（会社全体）

　次は、⑧会社全体の TQM 活動レベル評価（**図 4.2.1** を参照）である。

　TMK では、デミング賞の受審時から、TQM 活動を継続的に客観的に把握し、弱み・強みを明確にし、さらなる TQM 強化を効率的に計画的に進めるために、活動レベルが測れるモノサシを設定している。「TQM 活動レベル評価」と名称を付け、定期的に TQM 推進室の役員、室長ほか TQM 有識者で定点観測の形で進めてきた。内容は日本科学技術連盟の品質奨励賞の自己診断シートをベースに作成していた。デミング賞の受賞後は同大賞への挑戦に向けて、評価シートを見直した。

　質問数は、79 項目で、デミング賞の審査、TQM 点検のノウハウや、環境変化から、AI・機械学習など 25 項目追加した。評価結果は見直しにより、旧に比べ点数は低くなったが、目標を立てて取り組んでおり、着実に向上している（**図 4.2.10**）。

　**表 4.2.3** に TQM 活動レベル評価シートの質問項目を示す。表の中の追加項

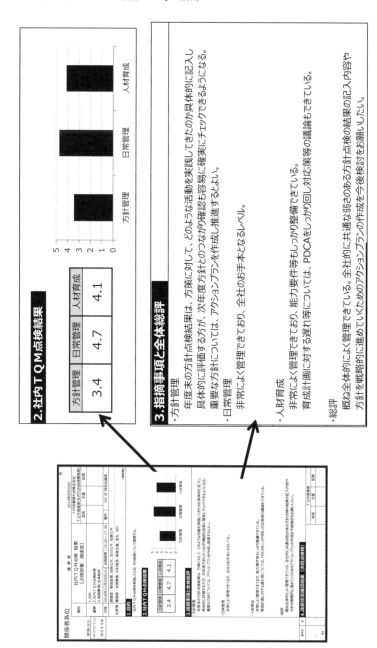

図 4.2.9　社内 TQM 点検結果報告書（調達室事例）

**表 4.2.2　社内 TQM 点検チェックシート（方針管理、日常管理の事例）**

| No. | 方針管理の質問項目 |
|---|---|
| Q1 | 部方針、室方針、課方針、グループ方針が策定されているか？ |
| Q2 | 部方針の策定において、上下のすり合わせを行っているか？ |
| Q3 | 上位方針と下位方針につながりがあるか？ |
| Q4 | 下位方針は上位方針を噛み砕いて策定しているか？（下位方針に行くほど、具体的になっているか） |
| Q5 | 下位方針を達成すれば上位方針を達成できるようになっているか？ |
| Q6 | アクションプランが策定されているか？（方針管理項目） |
| Q7 | 方針・アクションプランを実施するための必要な人・費用・時間などを検討しているか？ |
| Q8 | 方針・アクションプランを実施するための必要に応じて他部門の協力を得ているか？ |
| Q9 | 方針達成のための担当や関連部署、推進組織が明確になっているか？ |
| Q10 | 方針管理と日常管理が層別されているか？ |
| Q11 | 各方針項目の関連性を明確にして相乗効果を出す活動をしていますか？ |
| Q12 | ビジョン＆方針が末端まで展開され、全員が理解されていますか？ |
| Q13 | 方針の進捗状況を適切な頻度で確認しているか？ |
| Q14 | アクションプランの進捗状況を適切な頻度で確認しているか？ |
| Q15 | アクションプランの進捗状況を遅れ進みが分かりやすいものになっているか？ |
| Q16 | 方針の評価はプロセス、成果それぞれについて適切に評価しているか？ |
| Q17 | プロセス、成果の達成状況について分析しているか？（例：プロセスが○で結果が×のとき） |
| Q18 | 年央、年末点検時、重要な指標について分析をしているか？ |
| Q19 | 方針を達成し、日常管理に落とし込むものについては標準化を実施しているか？ |
| Q20 | 方針が達成されているか？ |
| Q21 | 方針とりまとめ部署として全体としての分析ができてますか？（点検対象：経営企画室） |

| No. | 日常管理の質問項目 |
|---|---|
| Q1 | 業務分掌は整備されてますか？ |
| Q2 | 主要な業務について業務要領が整備されてますか？ |
| Q3 | 主要な業務について業務フローが整備されてますか？ |
| Q4 | 業務の良し悪しの判断基準は明確ですが？ |
| Q5 | 日常業務に関する教育とスキルチェックは行われてますか？ |
| Q6 | 日常の主要業務と管理の見える化を実施してますか？ |
| Q7 | 日常管理におけるチェックと処置を効果的に行っていますか？ |
| Q8 | 問題やトラブル情報の共有化ができてますか？ |
| Q9 | 事技系業務の自工程完結活動は実施していますか？ |
| Q10 | 日常管理業務の結果指標の分析ができてますか？（例：不具合発生率、災害件数） |
| Q11 | 日常業務の全体を俯瞰し分析や改善を行ってますか？ |

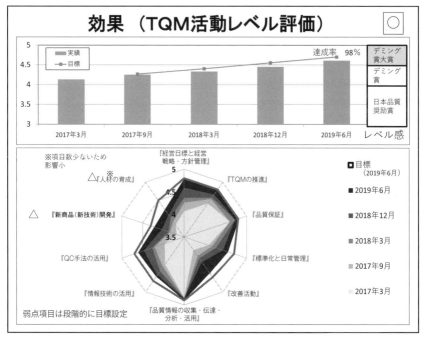

図 4.2.10　TQM 活動レベル評価

目に★印がついている項目は、TMK で追加した項目である。

**Key ポイント**

- TQM の活動を測るモノサシは現状把握と改善の目標設定のために必要
- TQM の進展に合わせ TQM 活動レベル評価も定期的見直しが必要

## 4.2.7　TQM 教育の充実

　ここまで、**図 4.2.1** の TQM 活動全体像にもとづいて、TMK の TQM 活動を説明してきたが、これらの活動がスムーズに進むように TQM の理解度向上のための TQM 教育も充実させてきた。これは、マスタープランにも掲げて推

## 表 4.2.3 TQM 活動レベル評価シート質問項目

| 分類 | 質問内容 | 追加 |
|---|---|---|
| 経営目標と経営戦略<br>方針管理 | Q1. トップとして経営課題の達成に関する役割を果たしていますか？ | |
| | Q2. 経営課題達成のための仕組み（PDCA）を明確にしていますか？ | |
| | Q3. 経営課題達成のための活動を組織的に展開していますか？ | |
| | Q4. 実施状況をチェックし適切な処置を行っていますか？ | |
| | Q5. 経営課題達成の活動から具体的な成果を得ていますか？ | |
| | Q6. 各方針の関連性を明確にして相乗効果を出す活動をしていますか？ | |
| | Q7. ビジョン、方針が末端まで展開され、全員が理解されていますか？ | |
| | Q8. ビジョン達成のためのロードマップが作成され運用されていますか？ | ★ |
| | Q9. 上位〜下位方針とのつながり（会社方針〜部方針〜室・課方針）が適切ですか？ | ★ |
| | Q10. 方針管理に関しての教育を計画的に実施していますか？ | ★ |
| | Q11. 方針を達成するための活動体制（組織、小集団活動など）を明確にしてますか？ | ★ |
| TQM の推進 | Q1. TQM 推進のための具体的なプランと推進組織がありますか？ | |
| | Q2. TQM 推進のための QC 教育を計画的に実施していますか？ | |
| | Q3. TQM 活動の推進を計画どおり、効果的・効率的に実施していますか？ | |
| | Q4. TQM の推進状況をチェックし、適切な処置をとっていますか？ | |
| | Q5. TQM 活動により、ねらいどおりの効果が計画どおりに達成されていますか？ | |
| | Q6. TQM の考え方について、理解されてますか？ | |
| | Q7. 経営環境に対応した独自の TQM 活動を行っていますか？ | ★ |
| | Q8. トップが TQM について深く理解してますか？ | ★ |
| | Q9. トップがリーダーシップを持って TQM を推進・展開してますか？ | ★ |
| | Q10. トップが TQM を将来どのように活用していくか戦略を持っていますか？ | ★ |
| 品質保証 | Q1. 品質保証を担当する責任者と推進する専門の組織を決めて展開していますか？ | ★ |
| | Q2. 品質保証の仕組みがありますか？ | ★ |
| | Q3. 全社の品質方針を策定して、品質活動を推進していますか？ | ★ |
| | Q4. 品質保証に関する規程は整備されていますか？ | ★ |
| | Q5. 品質保証システムの監査を実施していますか？ | ★ |

表 4.2.3　つづき 1

| 分類 | 質問内容 | 追加 |
|---|---|---|
| 標準化と<br>日常管理 | Q1. 標準化の仕組みを構築し、改善活動の結果を社内標準に活かしていますか？ | |
| | Q2. 各部門における日常管理の計画を具体的に策定していますか？ | |
| | Q3. 主たる日常の業務が標準に従って効率的・効果的に実施されていますか？ | |
| | Q4. 日常管理におけるチェックと処置を効果的に行っていますか？ | |
| | Q5. 標準化や日常管理についての監査を実施していますか？ | |
| | Q6. 業務要領の整備および文書管理が実施されてますか？ | ★ |
| | Q7. 標準化の仕組みを構築し、改善活動の結果を社内標準に活かしていますか？ | ★ |
| | Q8. 日常の主要業務と管理の見える化を実施してますか？ | ★ |
| | Q9. 日常管理におけるチェックと処置を効果的に行っていますか？ | ★ |
| 改善活動 | Q1. 経営課題達成に必要な改善活動の重要性が社内に周知され理解されていますか？ | |
| | Q2. 改善活動を効果的・効率的に実施するための仕組みを定めていますか？ | |
| | Q3. 改善活動を効果的・効率的に実施するための教育・訓練を計画的に実施していますか？ | |
| | Q4. 改善活動を実施するための具体的な計画を策定していますか？ | |
| | Q5. 改善活動を計画に沿って確実に実施していますか？ | |
| | Q6. 改善活動のチェック・処置を効果的に実施していますか？ | |
| | Q7. 改善活動の結果、ねらいどおりの成果を確実に得ていますか？ | |
| | Q8. 仕組みの評価を行い、仕組みの継続的改善を行っていますか？ | |
| | Q9. 改善活動の結果のまとめや反省及び標準化は実施していますか？ | ★ |
| | Q10. 事技系業務の自工程完結活動は実施していますか？ | ★ |
| | Q11. 未然防止活動を推進していますか？ | ★ |
| 品質情報の<br>収集・<br>伝達・分析・<br>活用 | Q1. 品質情報を適切に収集・活用していますか？ | |
| | Q2. 品質情報を適切に伝達していますか？ | |
| | Q3. 初期流動管理を行っていますか？ | |
| | Q4. 外部情報を適切に収集・活用していますか？ | |
| | Q5. 顧客満足度を調査し、適切に活用していますか？ | |
| | Q6. 品質情報の収集・分析・活用から具体的な成果を得ていますか？ | |
| 情報技術の<br>活用 | Q1. 組織運営における情報技術の活用について具体的なプランがありますか？ | |
| | Q2. 情報技術活用のための教育・訓練を計画的に実施していますか？ | |
| | Q3. 情報技術の活用を計画どおり効率的に実施していますか？ | |
| | Q4. 情報技術活用の実施状況をチェックし、適切な処置をとっていますか？ | |
| | Q5. 情報技術の活用により、ねらいどおりの成果が得られていますか？ | |
| | Q6. IoT、AI などの新技術への活用についての具体的な戦略やプランがありますか？ | ★ |

表 4.2.3　つづき 2

| 分類 | 質問内容 | 追加 |
|---|---|---|
| QC 手法<br>の活用 | Q1. 事実・データおよびばらつきの概念にもとづいた活動をしていますか？ | |
| | Q2. 基礎的な QC 手法を活用していますか？（QC 七つ道具、新 QC 七つ道具など） | |
| | Q3. 統計的・数理的な手法を活用していますか？（実験計画法、多変量解析、タグチメソッドなど） | |
| | Q4. 目的に応じた手法を活用していますか？（QFD、FMEA、FTA、P7、信頼性・安全性技法など） | |
| | Q5. 手法の教育体制を整え、効果的に実施していますか？ | |
| | Q6. QC 手法の活用により、具体的な成果を得ていますか？ | |
| | Q7. ビッグデータ解析手法を活用していますか？ | ★ |
| | Q8. 新たな手法について情報収集活動を実施していますか？ | ★ |
| 新商品<br>（新技術）<br>開発 | Q1. 新商品（新技術）開発の重要性が経営戦略として明示され、その計画が具体化されていますか？ | |
| | Q2. 新商品（新技術）開発のための仕組み（PDCA）を体系化し、明確にしていますか？ | |
| | Q3. 新商品（新技術）開発のための活動を組織的に展開していますか？ | |
| | Q4. 新商品（新技術）開発の実施状況をチェックし適切な処置を行っていますか？ | |
| | Q5. 新商品（新技術）開発の活動から具体的な成果を得ていますか？ | |
| | Q6. プロダクト、テクノロジー、人財育成のロードマップを作成し活用していますか？ | ★ |
| | Q7. 新製品開発を強化・効率化するために品質管理手法を活用していますか？ | ★ |
| 人材の育成 | Q1. 人材の育成について、経営理念や経営計画に連動した具体的なプランがありますか？ | |
| | Q2. 人材育成の活動を計画・仕組みに沿って効果的に実施していますか？ | |
| | Q3. 人材育成活動の実施状況をチェックし、適切な処置をとっていますか？ | |
| | Q4. 人材育成の仕組みにより、ねらいどおりの成果が得られていますか？ | |
| | Q5. 従業員満足度の評価を実施し、向上活動を行っていますか？ | |
| | Q6. 教育の効果を示す指標は適切ですか？ | ★ |

| 対象<br>内容<br>教育名 | 教育対象 | | | | | 教育内容 | | | | | | |
|---|---|---|---|---|---|---|---|---|---|---|---|---|
| | 技能系 | | 事技系 | | 幹部職基幹職 | TQMとは | TQMの活用 | 組織能力 | TQM活動レベル評価 | デミング賞 | 方針管理 | 日常管理 |
| | 新入社員 | 指導職 | 新入社員 | 指導職 | | | | | | | | |
| i TQM導入教育1(1Hr) | ● | | ● | | | ○ | | | | ○ | | |
| TQM導入教育2(1Hr) | | ● | ● | | | ○ | ○ | | | ○ | | |
| TQM中堅向教育(1Hr) | | | | | ●<br>(任意) | ◎ | ◎ | | | ◎ | | |
| TQM管理者教育(1Hr) | | | | | ● | ◎ | ◎ | ◎ | ◎ | ◎ | | |
| ii トヨタ流マネジメント教育(6Hr) | | | | | ● | | | | | | ◎ | ○ |
| iii 日常管理教育(1.5Hr) | | | | ● | ●<br>(任意) | | | | | | | ◎ |

●教育対象者(派遣、期間従業員除く)　◎詳しく　○普通

**図4.2.11　TQM教育一覧表**

進してきた。前述したように、デミング賞の受審時は、TQM活動の部門間のばらつきがあり、また、TQMの理解度も不足していた。そこで、デミング賞の挑戦を通じて得られた、知識、ノウハウを織り込んで教育資料を内製し、**図4.2.11**のとおり、階層別教育や管理者教育に織り込み、理解度向上を図っている。その中で、トヨタ流マネジメント教育は課長以上を全員対象として、方針管理、日常管理、職場の管理などを6時間かけて教育する講座である。

### Keyポイント

・社員全員へのTQM教育が必要
・特に中間層へのTQM教育が重要
　⇒TQMを活用する意味をしっかりと理解してもらうことが大切

## 4.3　組織能力の定義と向上作戦

　図 4.2.1 の TQM 全体像の中で説明したように、組織能力の向上は戦略テーマの実行のための柱の活動と位置づけている。デミング賞、同大賞の挑戦に向けて進めてきた組織能力の定義と向上作戦について、スタートから順に説明していく。

### 4.3.1　人財育成

　TMK では、従来から「仕事を通して上司が部下を育てる OJT を主として、それを Off-JT と自己啓発で支援する」という考えのもとで、図 4.3.1 の人財育

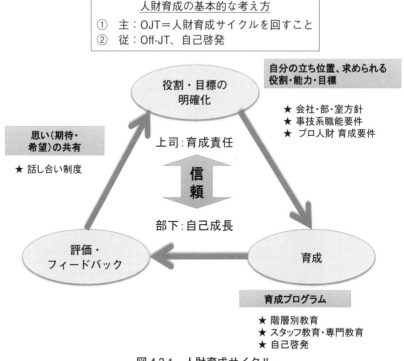

図 4.3.1　人財育成サイクル

成サイクルを回しながら、人財育成を図ってきた。個人の育成レベルについ
ては、職能要件や各部の能力要件にもとづいて、評価し、把握していた。そし
て、育成計画などを作成し、育成を図っていた。**図4.3.2**に、2013年〜2016
年での人財育成の仕組みの改善を示す。

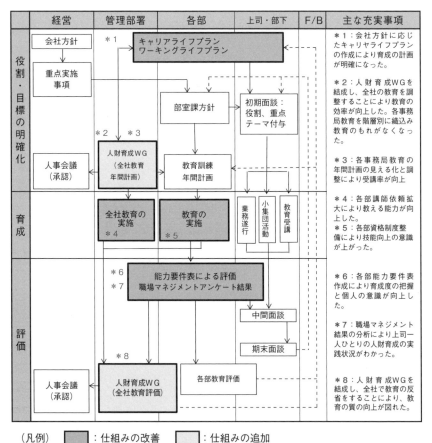

図4.3.2　人財育成の仕組み

**Key ポイント**

- 業務の仕組み図を整理することが非常に重要
- 人財育成は、個人の能力向上の取組みが中心
  ⇒職場としての能力については取組みが弱かった。

## 4.3.2　組織能力の定義、仕組みづくり

　デミング賞の受審時は、「組織能力」の概念が曖昧であり、各組織が保有している能力について整理されていなかった。2013年当時の二橋社長が、九州の競争力を向上し、九州にモノづくりを残すためには、原動力として、高い「現場力」、「技術力」、「人間力」が必要であると常日頃から発言されていたので、TQMフレームワークの中に原動力という形で織り込み、位置づけていたが、それらの具体的な中身は曖昧で、概念のみの状況であった（**図4.3.3**）。また、当時の各部での取組みは、プロ・マルチな人財を何人育成するべきかといった、個人育成の取組みであり、体系的な組織能力向上活動ではなかった。

　そこで、戦略テーマ実行のための組織能力の向上、と位置づけ、従来からの各部での取組みと関連づけながら、組織能力の定義づけ・指標化を行い、向上

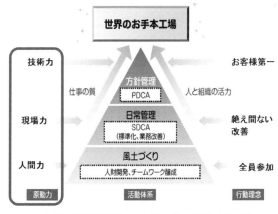

図 4.3.3　TQM フレームワーク（2013 年当時）

策を実践するといった仕組みを構築した。また、各部の個人育成の取組みは技術力、人間力に結び付け、各部の職場の能力を現場力として定義し、組織能力向上の取組みを行った。この取組み内容を**図4.3.4**に示す。

組織能力向上の仕組みを構築した後、**図4.3.5**に示すように最終的に仕組み図を作成した。そして、この仕組み図を「組織能力向上の8ステップ」という形で定義した。以降、各ステップごとに、取組み内容を詳細に説明する。

Step1は組織能力要素の明確化である。

まず初めに「組織能力」の概念や定義について、世の中の文献などを調査したものの、確たるものは存在せず、論者により多様な考え方があるという状態であることがわかった。そこで、独自の組織能力の定義や組織能力の構成づくりに取り組んだ。**図4.3.6**に組織能力の構成を示す。

組織能力は、職場全体が保有する「現場力」と、それを醸成する、個人のテクニカルスキル集合体の「技術力」、ヒューマンスキル集合体の「人間力」の、

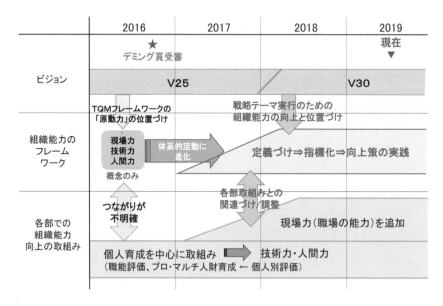

図4.3.4　TMKの組織能力向上の取組み

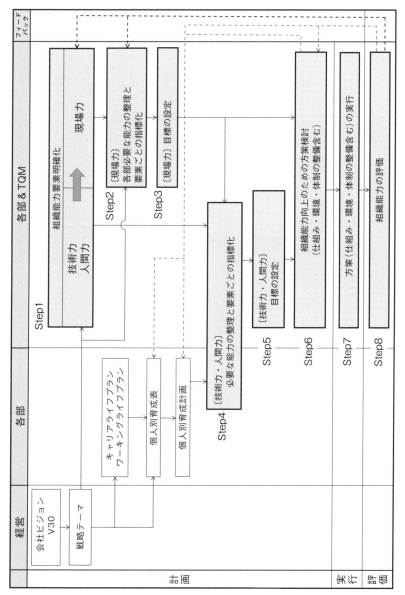

図 4.3.5　組織能力向上の 8 ステップ

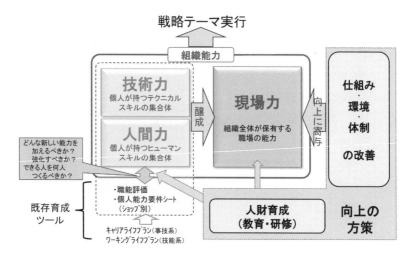

図 4.3.6　組織能力の構成

3 つで構成される。

　「技術力・人間力」は、既存の育成ツールである職能評価やショップ別能力要件シートの内容をベースに、どのような新しい能力を、加えるべきか、強化すべきか、また、それができる人を何人つくるべきかを表している。

　「現場力」は、個人の「技術力・人間力」によって醸成されるものだけでなく、「仕組み・環境・体制」の改善によっても向上していくものという構成になっている。

　次に「現場力」、「技術力・人間力」の能力要素について説明する。

取り巻く環境変化や、ビジョンを踏まえ、伸ばすべき必要な能力要素にフォーカスして、各部署と議論のうえ TMK 独自の組織能力要素を導き出した（**図 4.3.7**）。

　さらに、**図 4.3.8** に示すとおり、職場が保有する能力、個人能力の集合体としての能力という軸と技術・技能面、人間関係面という軸で整理し、組織能力の定義、要素を明確にした。

　各能力要素の内容は、**表 4.3.1** のようになっている。

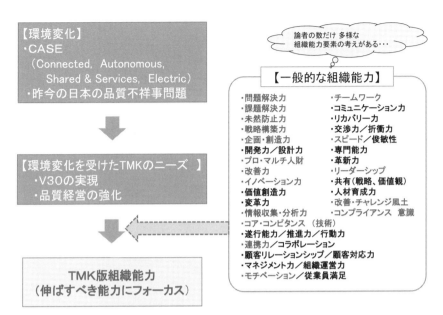

図 4.3.7　組織能力要素の導き出し方

| 分類 | | 技術力・人間力 | 現場力 |
|---|---|---|---|
| | | 個人能力の集合体としての能力<br>（その能力を持つ人がどのくらいいるか？何人いるか？） | 組織全体が保有している能力 |
| 技術・技能面 | | ・問題・課題解決力<br>・未然防止力<br>・戦略構築力　**技術力**<br>・企画・創造力<br>・プロ・マルチ人財 | ・改善力（チーム）<br>・コア・コンピタンス（技術）<br>・イノベーション力<br>・情報収集・分析力 |
| 人間関係面 | 能力 | ・リーダーシップ　　　　**人間力** | ・チームワーク<br>・連携力<br>・スピード |
| | 意識・意欲 | ・モチベーション | ・改善・チャレンジ風土<br>・コンプライアンス意識 |

図 4.3.8　組織能力の要素

### 表 4.3.1　能力要素の内容

| 分類 | 組織能力の要素 | |
|---|---|---|
| | 項目 | 内容 |
| 技術力 | 問題・課題解決力 | 問題・課題を解決する能力 |
| | 未然防止力 | FMEA、FTA、QA、QCMS、リスクアセスメント、品質工学などを活用した未然防止能力 |
| | 戦略構築力 | ビジョン、戦略、戦術を策定する能力 |
| | 企画力・創造力（技術） | 「商品」および「新工程、工法」を開発するための企画、創造能力 |
| | プロ人財・マルチ人財 | 技術系：設計、生産技術プロ人財とマルチ人財<br>技能系：高技能と多能工化 |
| 人間力 | リーダーシップ | 幹部職、職制、PJリーダーのリーダーシップ |
| | モチベーション | 個人のモチベーションや満足度 |
| 現場力 | 改善力（チーム） | チームで改善する能力 |
| | コア・コンピタンス（技術） | デザインや商品企画から、設計し、高い次元(性能、品質、重量、コストなど)で量産化できる能力 |
| | イノベーション力 | 「新商品」や画期的な「新工程、工法」を開発する能力、およびプロセスなどを革新、変革する能力 |
| | 情報収集・分析力 | 情報を収集し、分析する力 |
| | チームワーク | 職場のチームワーク |
| | 連携力 | 機能軸・部門間・ステークホルダーの連携力 |
| | スピード | 迅速な決定と実行、変更、変革 |
| | 改善・チャレンジ風土 | 改善やチャレンジする雰囲気、風土 |

　ここまで、説明した内容を全体像で示すと**図4.3.9**のようになり、この全体像をTMKの「組織能力フレームワーク」として定義した。さらに、戦略テーマを実行するための組織能力向上と説明してきたので、**図4.3.10**に戦略テーマと組織能力の関係をマトリックスで示す。各戦略テーマの実行に寄与する組織能力を示したものである。また、日常管理の向上にも組織能力は寄与するので、日常管理も表に記載している。

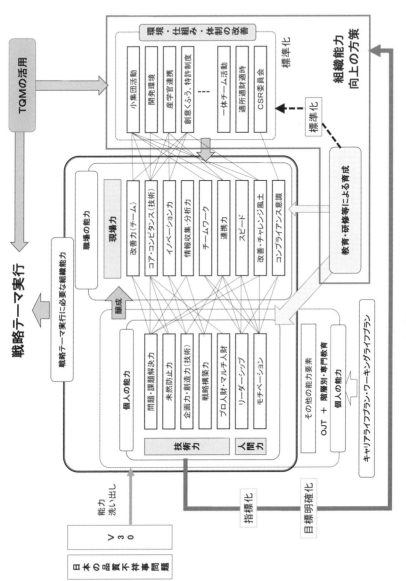

図 4.3.9　組織能力のフレームワーク

| 戦略テーマ ＼ 組織能力 | | | 現場力 | | | | | | | | | 技術力 | | | | | 人間力 | |
|---|---|---|---|---|---|---|---|---|---|---|---|---|---|---|---|---|---|---|
| | | | 改善力（チーム） | コア・コンピタンス（技術） | イノベーション力 | 情報収集・分析力 | チームワーク | 連携力 | スピード | 改善・チャレンジ風土 | コンプライアンス意識 | 問題・課題解決力 | 未然防止力 | 戦略構築力 | 企画力・創造力（技術） | プロ人財・マルチ人財 | リーダーシップ | モチベーション |
| V30戦略テーマ | Ⅰ | レクサスものづくりで世界トップを追求 | 車両 | ◎ | ○ | | ○ | ○ | ○ | ○ | ○ | | ◎ | ◎ | | | ○ | | ○ |
| | | | ユニット | ◎ | ○ | | ○ | ○ | ○ | ○ | ○ | | ◎ | ◎ | | ○ | ○ | | |
| | Ⅱ | LICの一翼を担う車両開発力の実現 | 開発自律化 | | ◎ | ◎ | | | ○ | ○ | | | ○ | | | ◎ | | ○ | |
| | | | 魅力ある技術の実現 | | ◎ | | ○ | | ○ | ○ | | | ○ | ○ | | | ○ | | |
| | Ⅳ | 変化に強い、強靭な収益力の獲得 | 強靭な収益力の獲得 | | | ◎ | ○ | | ○ | ○ | | | | | | | | | |
| | Ⅴ | 地域との協働協創による九州競争力の向上 | 設備・部品調達の自立化 | | | | ○ | | ◎ | | | | | | ○ | ○ | | ○ | |
| | | | 産学官連携のスキーム確立 | | | ○ | ○ | | ◎ | | | | | | ◎ | | | ○ | |
| 日常管理 | 日常管理（安全、品質、生産、原価、環境） | | 製造部 | ◎ | | | ○ | ○ | ○ | ○ | ◎ | ◎ | ◎ | ○ | | | ◎ | ○ | ○ |
| | | | 事務部門 | | | | | | | | | ○ | ◎ | | | | ◎ | | |
| | | | 技術部門 | ○ | ◎ | | | | | | | ◎ | | ○ | | ◎ | ◎ | | |

図 4.3.10　戦略テーマと組織能力の関係

Key ポイント

- この組織能力向上の仕組み化の取組みは企業としては初めてと思われる。
- このやり方が正しいかはわからないが、やってみないと始まらない。
- 戦略テーマ遂行のために必要な組織能力の向上に絞って活動するとわかりやすく、取り組みやすい。しかも早く効果を出せる。

## 4.3.3　目標・方策の決定、方策の実行

　次に Step2 の現場力の各能力要素の指標化について説明する（**図 4.3.5** を参照）。組織能力向上の仕組みづくりにおいて、一番難かしかったのは、指標化、すなわち評価指標づくりである。環境変化や官公庁資料、論文、講演会、シンポジウムなどを参考に将来の現場力のあるべき姿を検討し、経営企画部、人財開発部、技術・開発部門、生産技術部門などと議論を重ねて指標をつくっていった。評価指標は、社内にあるデータの活用（QC サークルレベル、職場マ

表 4.3.2　組織能力指標の概要（現場力）

| | 組織能力要素 | | 指標 |
|---|---|---|---|
| 現場力 | 改善力（チーム） | 定量評価 | QC サークルレベル |
| | コア・コンピタンス（技術） | 定性評価 | 新評価表 |
| | イノベーション力 | 定性評価 | 新評価表 |
| | 情報収集・分析力 | 定性評価 | 職場マネジメントアンケート＋新評価表 |
| | チームワーク | 定量評価 | 職場マネジメントアンケート |
| | 連携力 | 定量・定性評価 | 職場マネジメントアンケート＋新評価表 |
| | スピード | 定量・定性評価 | 職場マネジメントアンケート＋新評価表 |
| | 改善・チャレンジ風土 | 定量評価 | 職場マネジメントアンケート＋創意くふう参加率 |
| | コンプライアンス意識 | 定量・定性評価 | 職場マネジメントアンケート＋新評価表＋社員意識調査 |

表 4.3.3(a)　現場力の

| 分類 | 改善力 | | | コア・コンピタンス（技術） | |
|---|---|---|---|---|---|
| 項目 | タックル活動<br>スクラム活動<br>サークルレベル | こだわり品質 | コンカレント・<br>エンジニアリング | 顧客ニーズを<br>満足するために<br>必要な中核<br>技術の解決 | 製品の企画、<br>構想を具現化、<br>量産化する力 |
| 5 | | こだわり品質分野において、トヨタグループトップの技術力がある | 設計と生技の一体化活動により、開発リードタイム、品質に大きな効果を出している | どのような製品に対しても、中核技術の解決がスピーディーにできる | すべての製品において、具現化、量産化ができる。トヨタグループトップの技術力がある |
| 4 | | こだわり品質分野において、TMC並みの技術力がある | 設計と生技の一体化活動により、開発リードタイム、品質に効果を出している | どのような製品に対しても、中核技術の解決ができる | ほとんどの製品において、具現化、量産化ができる。TMC並みの技術力がある |
| 3 | 定量評価<br><br>サークルレベルを<br>点数化 | こだわり品質分野において、一部の分野のみTMC並みの技術力がある | 設計と生技の一体化活動を多くの製品で実施している | どのような製品に対しても、中核技術の解決ができるが、一部支援等が必要である | ほとんどの製品において、具現化、量産化ができる。一部の製品で、多少の設計変更が必要 |
| 2 | | こだわり品質分野において、TMCに比べ技術力が少し劣っている | 設計と生技の一体化活動を一部の製品で実施している | 一部の分野において中核技術の解決ができない。また支援等も必要である | 一部の製品において具現化、量産化が達成できないものがある |
| 1 | | こだわり品質分野において、TMCに比べ技術力がかなり劣っている | 設計と生技の一体化活動は実施していない | 中核技術の解決をできる能力が、低く製品化が困難である | 具現化、量産化をなかなか達成できない |

## 評価指標の事例

| 設計開発・生技環境と使いこなし | 技術開発力 | イノベーション | | | |
|---|---|---|---|---|---|
| | | トップマネジメントのリーダーシップ | イノベーション戦略 | イノベーションプロセス | オープンイノベーション(外部とのコラボ) |
| CAE、3Dプリンター、VR、評価設備などの環境が整備されており使いこなしができて、大きな効果が出ている | 生産技術開発が活発であり、特許件数、量産化件数も多い。トヨタグループの中でも新技術開発が多い | イノベーション創出に積極的に取り組み、イノベーションマネジメント担当役員も決めている | イノベーション戦略を実施するための資源配分が明確になっている | KPIが各プロセスごと(「アイデア創出」「製品・ビジネスモデル検証」「事業化」)に明確になっている。(成果件数、リードタイムなど) | オープンイノベーションにより大きな効果が出ている特許や事業化の件数も多い |
| CAE、3Dプリンター、VR、評価設備などの環境が整備されており使いこなしができて、効果が出ている | 生産技術開発が活発であり、特許件数、量産化件数もトヨタグループの平均並みである | イノベーション創出に積極的に取り組んでおりイノベーション創造を支えるインフラの整備もしている | イノベーション戦略の結果、目標が定量的に明確になっている | イノベーションプロセス上のKPIが一部明確になっている | 必要に応じて九州以外の企業や大学などとコラボを実施している |
| CAE、3Dプリンター、VR、評価設備などの環境が整備されているが十分な使いこなしができていない | 技術開発の仕組みが整備されている。一部の項目が量産化されている | イノベーション創出に積極的に取り組んでいる | 環境分析をしっかりと実施し、明確なイノベーション戦略がある | イノベーションプロセスが整備され標準化されている | オープンイノベーションの戦略、推進施策にもとづき活動を行っている |
| CAE、3Dプリンター、VR、評価設備などの環境が整備されてきたが使いこなしが余りできていない | 技術開発は一部実施しているが、仕組みが整備されてない | イノベーションマネジメントの必要性を感じているが、ほとんど実行されてない | イノベーション戦略はあるが環境分析が不十分なため、戦略が曖昧である | イノベーションプロセスが一部整備されている | 産学官とのコラボはやっているが、明確な戦略や推進施策がない |
| CAE、3Dプリンター、VR、評価設備などの環境が余り整備されていない | 技術開発は行ってない | イノベーションマネジメントの必要性を感じてない | ビジョンや経営戦略の中にイノベーション戦略がない | イノベーションプロセスがまったく整備されてない | オープンイノベーションの必要性を感じてない |

表4.3.3(b)　現場力の評価指標の事例

| 分類 | チームワーク | スピード | | | | | | 改革・チャレンジ風土 |
|---|---|---|---|---|---|---|---|---|
| 項目 | 職マネ | 戦略や方策の意思決定のスピード | 情報の発信・共有・浸透 | タイムリーな資源投入 | 組織体制・人事体制 | 実行・行動 | プロセス変革 | 職マネ創意くふう |
| 5 | | 意思決定のスピードが早く、意思決定のプロセスが明確である。（情報の準備、会議体での内容の精度も高い。意思決定の評価も高い基準など） | 情報がタイムリーに関係者やメンバーに展開され、共有されている。情報の精度も高い | 方針達成や業務遂行のために計画を立て、タイムリーで適切な資源投入が実施されている | 方針達成や業務遂行のためにタイムリーに組織体制・人事体制の見直しが適切に行われている | 決定事項に対して俊敏に行動を起こし、実行するレベルも非常に高い | 環境変化や諸問題に対しタイムリーに仕組みや体制の見直しを行っている。対応のレベルも非常に高い | 定量評価　職マネ　アンケート肯定率　創意くふう参加率 |
| 4 | | 意思決定のスピードが少し早い。意思決定のプロセスが曖昧である | 情報がタイムリーに関係者やメンバーに展開され、共有されている | 資源投入はタイムリーに適切に行われるが計画性がない | 方針達成や業務遂行のためにタイムリーに組織体制の見直しが適切に行われている | 決定事項に対し俊敏に行動を起こし、実行するレベルも高い | 環境変化や諸問題に対しタイムリーに仕組みや体制の見直しを行っている | |
| 3 | 定量評価　職マネ　アンケート肯定率 | 意思決定のスピードは普通。意思決定のプロセスが曖昧である | 情報が関係者やメンバーにしか展開されているがタイムリーではない | 資源投入はタイムリーに展開されるが量が適切でない | 方針達成や業務遂行のために組織体制の見直しが適切に行われている | 決定事項に対し俊敏に行動を起こし、実行される | 環境変化や諸問題に対し、仕組みや体制の見直しが行われているが余りタイムリーでない | |
| 2 | | 意思決定のスピードが少し遅い。意思決定のプロセスが曖昧である | 情報が一部の関係者にしか展開されていない | 資源投入は行われるがタイムリーではなく時間がかかる | 組織体制・人事体制の見直しが行われるが対応が遅い | 決定事項に対し行動が少し遅く、実行レベルも高い | 環境変化や諸問題に対し、仕組みや体制の見直しが一部行われている | |
| 1 | | 意思決定のスピードが遅い。意思決定のプロセスが不明確である | 情報がほとんど展開されない、展開も遅い | 資源投入がほとんど行われず、現状で乗り切ろうとする | 組織体制・人事体制の見直しはほとんど行われない | 決定事項に対し行動が遅く、実行レベルも低い | 環境変化や諸問題に対し、仕組みや体制の見直しがほとんど行われない | 創意くふう参加率増加率 |

ネジメントアンケート結果、従業員満足度調査結果、創意くふう参加率など）を活用したり、定性的な評価指標をつくって完成させた。前掲の**表4.3.2**に評価指標概要、**表4.3.3**に評価指標の一部事例を示す。評価内容が、これで良いかどうか、いろいろと意見があると思うが、何かを決めないと前に進むことができないので、この指標を使っていくことにした。

　Step3は、現場力の目標設定である（**図4.3.5**を参照）。上記指標において、現状レベルを把握し、2020年、2025年、2030年の目標を設定した。設定した目標をレーダーチャートで示すと**図4.3.11**のようになる。

　Step4は、技術力・人間力の指標化、Step5は、その目標設定である（**図4.3.5**を参照）。技術力・人間力は、個人能力の集合体なので、その組織に必要な能力を持った人が何人必要かを表している。極力シンプルにするために職能評価など、既存の指標を活用し、それで不十分なものは、新たな評価指標を導入した。

　また、ショップ特有の専門能力は「プロ人財・マルチ人財」に集約することにして他の能力要素をすべて汎用的な評価とした。**表4.3.4**に評価指標の概要を示す。

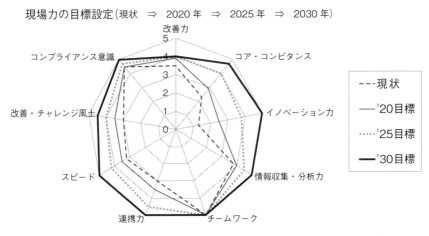

図4.3.11　目標の設定（モデル職場：検査エンジニアリング室の事例）

表 4.3.4　組織能力指標の概要（技術力・人間力）

| | 組織能力要素 | 指標 | | |
|---|---|---|---|---|
| 技術力 | 問題・課題解決力 | 定量・定性評価 | QC サークル個人評価＋職能評価 | 平均値 |
| | 未然防止力 | 定性評価 | 新評価表 | 充足率 |
| | 戦略構築力 | 定性評価 | 職能評価 | 充足率 |
| | 企画力・創造力（技術） | 定性評価 | 新評価表 | 充足率 |
| | プロ人財・マルチ人財 | 定量評価 | 新評価表＋各部能力要件シート | 充足率 |
| 人間力 | リーダーシップ | 定量・定性評価 | 職能評価 | 平均値 |
| | モチベーション | 定量・定性評価 | 職場マネジメントアンケート＋社員意識調査 | 平均値 |

　**図 4.3.12** に未然防止、企画・創造力の評価手順を示す。最初に、評価指標にもとづいて、各職場の個人ごとの評価を実施する。次に 4、5 レベルの人がどれだけ充足しているかを充足率評価表で評価し、各職場での評価値を算出している。

　Step5 の目標設定は、現場力と同様に、現状、2020 年、2025 年、2030 年で目標を設定している（**図 4.3.5** を参照）。

　次は Step6 の方策の検討を説明する（**図 4.3.5** を参照）。**図 4.3.6** の「組織能力の構成」で説明したように、現場力を向上させるための技術・人間力と仕組み・環境・体制および技術・人間力を向上させるための教育・研修などを検討した。

　**図 4.3.13** は、生産技術部門を対象にコアコンピタンスの中の技術開発力について検討した手順を表している。技術開発力を高めるために必要な技術・人間力の要素を洗い出し、さらにその要素を高めるための教育・研修を明確にしている。また、技術開発制度や特許制度などの仕組み・環境・体制についても洗い出している。

　このようにして方策の検討を行っているが、効率よく、また相乗効果が出る活動を行うことができるように、**図 4.3.14** のように連関図を用いて各方策の

〈個人ごとの能力評価〉

| | 未然防止 | | 企画力・創造力 |
| --- | --- | --- | --- |
| | 事技系 | 技能系 | 生技部門 |
| 5 | FMEA、FTA、品質工学などの未然防止手法の使いこなし、未然防止ができ、指導もできる。 | 未然防止QCストーリーを理解し、指導できる。(QCアドバイザー) | "新工程・新工法"の開発を主導的に企画・創造し実行することができる。 |
| 4 | FMEA、FTA、品質工学などの未然防止手法の使いこなし、未然防止が一人でできる。 | 未然防止QCストーリーを使い、実践できる。(サークルリーダーorテーマリーダーとして未然防止QCストーリーで取り組んだ) | "新工程・新工法"の開発を企画・創造することができる。 |
| 3 | FMEA、FTA、品質工学などの未然防止手法の使いこなし、未然防止ができるが、支援や指導が必要である。 | 未然防止QCストーリーをメンバーとして使ったことがある。 | "新工程・新工法"の開発を指導のもとで企画・創造することができる。 |
| 2 | 未然防止手法を多少知っているが未然防止の実践はあまりできない。 | 未然防止QCストーリーを知っているが使ったことがない。 | "新工程・新工法"の開発の企画・創造があまりできない。 |
| 1 | 未然防止の手法を知らない。 | 未然防止QCについて知らない。 | "新工程・新工法"の企画・立案ができない。 |

〈充足率の評価〉

| | 未然防止 | | 企画力・創造力 |
| --- | --- | --- | --- |
| | 事技系 | 技能系 | |
| 5 | 50%以上 | 30%以上 | 50%以上 |
| 4 | 40以上50%未満 | 70以上80%未満 | 40以上50%未満 |
| 3 | 30以上40%未満 | 60以上70%未満 | 30以上40%未満 |
| 2 | 20以上30%未満 | 50以上60%未満 | 20以上30%未満 |
| 1 | 20%未満 | 50%未満 | 20%未満 |

左記の個人能力の4、5レベルの人が何人いるか？

図 4.3.12　未然防止、企画・創造力の評価手順

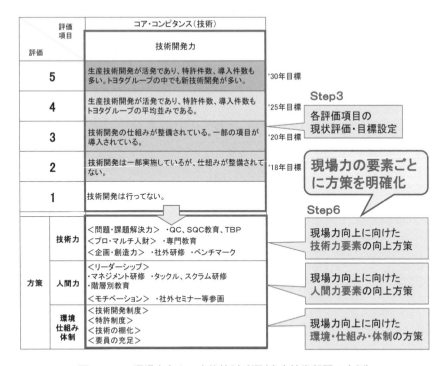

**図 4.3.13　現場力向上の方策検討手順（生産技術部門の事例）**

つながりや現場力と技術力・人間力の関係を明確にしている。図は、モデル職場（検査エンジニアリング室）の実例である。

　次の Step7 は方策の実行である（**図 4.3.5** を参照）。Step6 で検討した方策を実行するステップである。**図 4.3.14** のモデル職場、検査エンジニアリング室の事例で説明する。一つ目は機械学習ができる人財の育成である。2017 年より、トヨタグループの研修プログラムに参加し、高スキル者を計画的に育成している。その結果、技術力の中のプロ人財・マルチ人財の能力が向上し、さらに現場力の中の情報収集・分析力が向上している（**図 4.3.15**）。

　二つ目の事例は、産産連携の体制構築による技術開発の効率化、早期実用化を図った事例である。専門スキルを持つ地場ベンチャーとの産産連携によって AI を活用した異音検査の自働化を進めており、これは、仕組み、環境、体

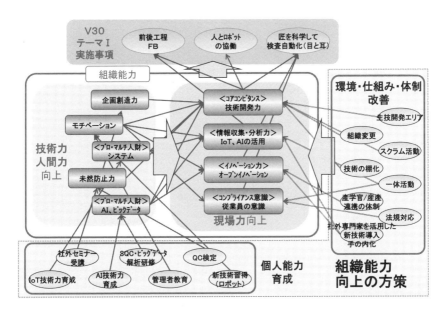

図 4.3.14　組織能力向上の方策検討の連関図（モデル職場：検査エンジニアリング室の事例）

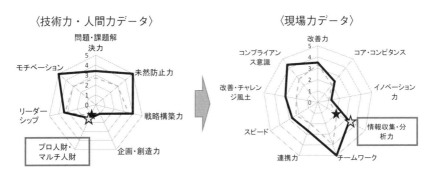

図 4.3.15　機械学習の人財育成

制の改善により現場力の中のイノベーション力を若干向上した事例である（**図4.3.16**）。

Step8 は、組織能力の評価、すなわち効果の確認である（**図 4.3.5 を参照**）。

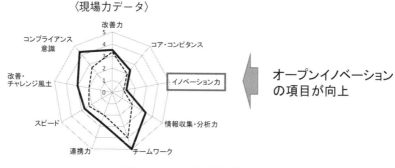

図 4.3.16　産産連携の体制構築

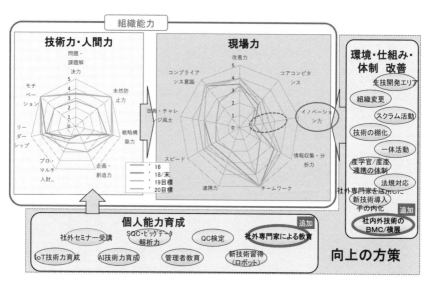

図 4.3.17　組織能力の評価(効果の確認)

　図 4.3.17 に、モデル職場でトライした結果を表している。まだ、1 サイクルしか回っていないために、イノベーション力のように目標を達成できてない項目もある。これらについては、方策を追加して対応するようにしている。

　以上、組織能力向上の 8 ステップの仕組みについて説明してきたが、製造現

場では、特徴のある活動をしてきたので次項で紹介する。

## Key ポイント

- 組織能力の評価指標についても、人によって考え方がいろいろあるので期限を区切って決め、とりあえずやってみることが重要

## 4.3.4　製造現場の組織能力

　V30 での製造現場の目指す姿は、現在よりもロボット化、IoT、AI、ビッグデータを活用し、工程間物流、組立て作業、検査作業の自働化、品質の加工点保証や設備の予兆保全が進み、品質、原価、環境などの画期的な競争力があり、そこで働く人々がイキイキとクリエイティブに働く工場である。そんな 2030 年の進化した工場で、現状の生産スタッフのままでイキイキとクリエイティブに活動することができるであろうか。2030 年の進化した工場では求められる仕事の質・量が変わっているはずである。進化していく製造現場を想定して、先回りして、2030 年の現場に対応できる現場力、技術力・人間力とは何かを議論して、その中身を明確にし、必要な人財育成や組織構成などを計画的に進めていくことが、製造現場の組織能力の向上活動である。

　具体的には 2019 年 1 月の組織体制として、この検討を進めていく BR*宮田工場企画室を各部からの選抜メンバーで立ち上げた。ショップ間の横並びのやり方や情報交換のために期間限定の BR 組織を工場内に設けた。検討ステップは以下の①〜④である。

　①　V30 での各ショップの段階的な自動化計画などの整理（戦略テーマ I と連携）

　②　進化した現場において、残る仕事、残したい仕事、新たな仕事の整理

　③　それらの仕事をイキイキと遂行するために必要なスキル、技術、組織

---

　＊ Business Reform の略で、目標達成のための短期のタスクフォース型の組織

　　体制案の整理

　④　上記③を実現するための人財育成などの計画づくり

　なお、①についてはすでに V30 の戦略テーマⅠの世界のお手本工場を目指して工場・工程の改革を進めるワーキンググループが生産技術・製造部内で活動中（**4.7 節**で詳述）であったので、そこと連携して進めていった。2019 年中に各ショップの計画がほぼできたので、2020 年から BR 組織を解散して、各製造部内に引き続き計画、実行、フォローする改革グループを製造現場の組織能力ワーキンググループとして設置した。この活動を進めていく中で、この製造現場の組織能力ワーキンググループ側から前述のハード側のあるべき工程をつくっていくワーキンググループに対して逆提案がなされることを期待している。これらの活動はあるべき工場・工程とあるべき人財像を自ら考え、行動していくことが全員参加の経営につながると考える。

【**Key ポイント**】

- 工場・工程の進化に対応できる製造現場の組織能力づくりは重要な取組み
- 自分たちの未来の現場を考えて人財像も自分たちで議論することが全員参加型経営につながる。

## 4.3.5　組織能力と人事制度との関係

　ここまで、組織能力の仕組みについて説明して来たが、人事制度との関係を詳細に説明しておく。**4.3.2 項**にて説明したように、ビジョン達成に向け戦略テーマ実行するために各部署がどのような組織能力を持つべきか、目標レベルを明確にして、それに向けて、人財育成や仕組み、体制、環境などの方策を実行し、組織能力を高めていく活動が組織能力の取組みである。組織能力の中の技術力・人間力は各部署の個人の能力の集合体（総和）であり、例えば、AI、ビッグデータ解析のあるレベルの実行力のあるメンバーが何人必要かなどを表

しているので、当然、既成の人財育成の仕組みや人事制度と関係が深い。そこで、組織能力向上の仕組みを構築していく中で、TQM推進室と人財開発部のメンバーで議論を重ね、**図 4.3.18** に示すようにシンプルにわかりやすく、組織能力と人事制度との関係を模式図にした。

　組織能力の取組みを早く軌道に乗せるにはわかりやすく、早く効果を出さないといけないと考えた。したがって、戦略テーマを実行していくのに、その組織としてどのような能力が足りてないのか、どのような能力を持つ人材が足りないのかといった尖ったところに焦点を当てた。一方、人事システムは各職場のメンバーに必要な能力要件や個人ごとのその能力データベース、主事、基幹職、幹部職と階層が上がっていくにつれて持つべき能力を明確にしたキャリアライフプランや、上司と部下による毎年の育成目標とその達成のための実行項目の議論と握り（コミットメント）など膨大なデータベースとシステムであり、

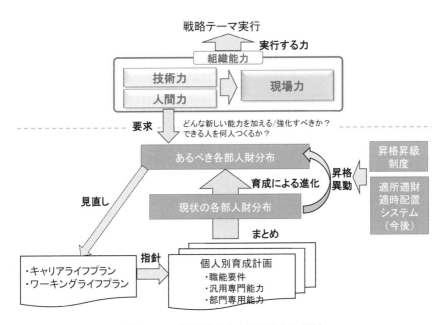

図 4.3.18　組織能力と人事制度との関係

すでに存在した。そのため、それらはそのままとして、組織能力側からは現場
力を上げるために、その職場のメンバーが伸ばすべき尖った技術力・人間力の
育成を進め、その内容に合わせて人事システム側の既存のキャリアライフプラ
ンの内容やその職場のメンバーに必要な能力要件を修正していくといった関係
とした。将来的には、戦略テーマ実行のためにすぐに伸ばすべき技術力・人間
力だけでなく、各職場の技術力・人間力を総合的に見える化し、全社員の能力
データベースとリンクした適所適財適時配置システムを構築すべく検討中であ
る。

## 4.3.6　組織能力の活動のまとめ

　今回の組織能力の活動は、モデル職場でトライできた段階であり、まだまだ
課題がある。今後の対応として、以下の①〜④のことを考えているが、今後、
いろいろな問題点が出てくると思うが、仕組みを改善しながら、レベルアップ
を図っていくつもりである。

　　①　組織能力向上の仕組みの全社展開
　　②　組織能力向上の仕組みの有効性検証
　　　・戦略テーマ効果と現場力・技術力・人間力向上の相関
　　　・現場力と技術力・人間力の相関
　　　・評価項目指標の妥当性
　　③　組織能力向上の仕組みのシステム化
　　④　人事制度との結び付け

　この活動がうまくいけば、日本品質奨励賞の品質革新賞に挑戦しようと考え
ている。

### Key ポイント

・極力シンプルにわかりやすい仕組みづくりが必要(既存システムの活用)
・PDCA を回して定着させることが重要
・会社方針の重点実施事項として取り組み、全社で取り組むことが必要

# 4.4　方針管理の充実と進化

　図 4.2.1 の TQM 全体像の中で説明したように、方針管理は経営ビジョン実現のための組織能力の向上や戦略テーマ実行のための土台となる「TQM の推進と浸透・定着化」の中の大きな柱の活動であり、戦略テーマの遂行を年度別に管理する活動である。

　デミング賞・同大賞に向けて、毎年、方針管理の仕組みの改善を進めてきた。図 4.4.1 に方針管理の仕組み図を示す。以下に仕組み図の①〜⑥に沿って説明する。

　最初は、①ビジョン、中期経営計画と年度方針書のつながりである。経営ビジョンおよびその実現のための戦略テーマから、これからの 3 年間の実行計画と目標を中期経営計画書としてまとめている。毎年の会社方針書はこの中期経営計画にもとづいてつくられ、前年度の会社方針の結果分析から、本年度の中期経営計画書も見直される。中期経営計画は 3 年プランなので、一貫性の確保のために、年次ごとの内容は前年の文章をベースに基本的に微修正で対応している。

　次は、②従業員への浸透活動である。V30 のスタートにあたっては解説冊子を、全員に配布し、基幹職以上には詳細の説明版を配布した。また、社長メッセージビデオや社内報での V30 の解説を実施し、従業員への浸透を図った。会社方針としては毎年、年初に方針説明会を開催し、社長と各担当役員からの実施事項の詳細説明をしている。

　次は、③方針管理と日常管理の区分である。高い目標を掲げ、V30 の全社でのプロセス改革が必要な課題を「方針管理テーマ」とし、管理の仕組みが確立していて維持改善を図る課題を「日常重点管理テーマ」と定義した。そして、フォローする会議体も区分した。この結果、「方針管理テーマ」に絞って、十分な時間を掛けて議論できる環境をつくることができた。

　次は、④ビジョン〜会社方針〜各部方針〜小集団のつながりの明確化である。

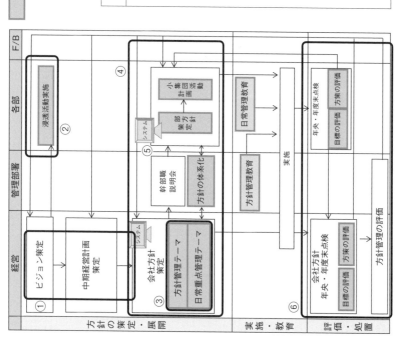

**改善後**

□…改善後のプロセス

**主な充実事項**

①ビジョン、中期経営計画と年度方針書のつながり
　2016 年〜改善

②各種コンテンツを使い従業員への浸透活動実施
　2018 年〜改善

③**方針管理と日常管理を区分**し会社方針を策定
　2017 年〜改善

④ビジョン〜会社方針〜小集団活動までのつながりの
　**再定義**
　2018 年〜改善

⑤会社方針と部方針を系統図法での展開をシステム化
　2017 年〜改善

⑥方針の定量評価と目標と方策での評価による方針管
　理の振り返り
　2016 年〜改善

**図 4.4.1　方針管理の仕組みの改善**

　図 4.4.2 に示すよう、TQM をマネジメントの軸に据えることを社内で明確に宣言し、経営ビジョンから中期経営計画・会社方針・各部方針・個人テーマ・小集団活動までのつながりを再定義した。

　次は、⑤会社方針と部方針の系統図法での展開のシステム化である。さらに、管理レベルを向上させるため、方針管理ツリーの明確化とシステム化を行った(図 4.4.3)。すなわち、期初の方針設定時、各会社方針の推進責任者を中心に系統図法を用いて、会社方針とそれを担う各部方針のつながりを確認する仕組みとした。各部が設定した目標・方策を展開すれば、その会社方針を達成できるのかの整合性を確認して進める仕組みである。各部では各部方針書の中で、実施項目ごとに責任者や担当する小集団を明確にしている。また、実施項目ごとに活動日程や活動内容をアクションプラン表にまとめている。

　次は、⑥方針の定量評価、目標と方策の評価である。PDCA の C と A の強化として、まず、方針の達成度を定量的に評価する基準を設けた(表 4.4.1)。そして、「目標」と「方策」に分けて評価し、各達成度で A 〜 D に区分する「フォー・スチューデント・モデル」を採用し、結果の分析をより詳細に行えるようにした(図 4.4.4)。

　ここまで述べた方針管理の定着状況については、社内 TQM 点検でチェックし、フォローをしている。

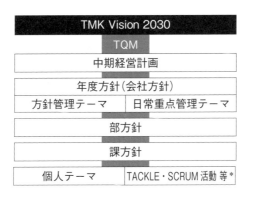

図 4.4.2　活動のつながり

会社方針の一つひとつを**系統図法**で下位に展開する
仕組みをシステム化した。（2017年～改善）

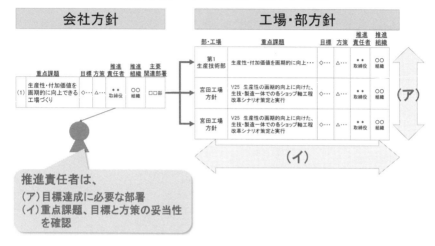

図4.4.3　会社方針と各部方針のリンクの仕組み化

表4.4.1　定量的な評価基準の設定

| 評価 | 達成基準 | 判断 |
|---|---|---|
| ◎ | 目標を上回る成果 | 計画どおり達成 |
| ○ | 目標どおりの成果（目安70%～100%） | 計画どおり達成 |
| × | 目標未達（目安0%～70%） | 計画未達 |

| 目標 | 計画どおり達成 | B | A |
|---|---|---|---|
| | 未達 | D | C |
| 方針管理評価 | | 未達 | 計画どおり達成 |
| | | 方策 | |

図4.4.4　目標（結果KPI）と方策（プロセスKPI）の評価

**Key ポイント**

- 方針管理はビジョン達成のための基本的なドライバー
- 会社方針から部方針、小集団活動までのつながりが重要
- フューチャープル型の方針管理テーマとプレゼントプッシュ型の日常重点管理テーマの区分
- フォー・スチューデント・モデルによる方策と目標の評価手法が有効

## 4.5　日常管理の充実

4.4節の方針管理で説明したように、方針管理と日常管理の層別を行い、それぞれ改善活動を実施してきた。日常管理については、製造現場ではしっかりできており、品質アセスメントというチェックの仕組みもできているが、デミング賞の審査や社内TQM点検を通じて、事務・技術系（事技系）職場では部署間の日常管理の理解度のばらつきから、日常管理レベルの差が大きいという課題が明らかになった。

具体的には、業務フローや業務要領の整備が不十分であったり、業務の良し悪しの判断基準が曖昧などの課題があった（図4.5.1）。

そこで図4.5.2のとおり、デミング賞大賞に向けて、TQMマスタープランの中で日常管理の強化計画を立てて進めた。図中の①から④の内容は以下のとおりである。

まず、①は教育体制の整備である。日本品質管理学会の指針をベースに、日常管理の目的と要領書の必要性を中心にオリジナルのテキストを作成し、部

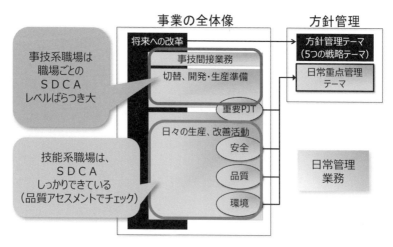

図4.5.1　事業全体における日常管理の位置づけとデミング賞の受賞時の課題

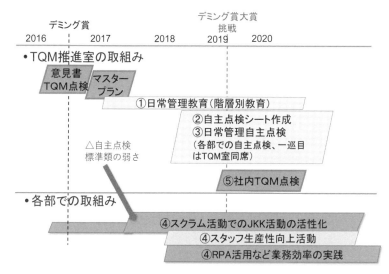

図 4.5.2　日常管理の強化計画

長・室長を対象に教育を実施した。次に②の自主点検シートの作成である。自部署の日常管理レベルを客観的に評価点検できる点検シートとその点検の手順書を作成した。そして、③の自主点検の実施である。先の点検シートと手順書を使い、一巡目は TQM 推進室が同席し、各部の点検を実施した。全部署の点検を行い、弱点の洗い出しと改善を進めた。点検時には他部署での良い事例を展開し、改善のスピードアップやレベルアップを図った。その後は各部で自主点検のサイクルを回している。最後に、④は各部での日常管理レベルの改善活動である。自主点検の結果を受け、小集団活動のスクラム活動などを活用した業務の自工程完結（JKK）活動などにより、スタッフ部門の生産性向上や業務の効率化につながっている。ここまで述べた日常管理の定着状況は、方針管理と同様に⑤の社内 TQM 点検でチェックし、フォローしている。

### Key ポイント

- 日常管理の SDCA を自己評価点検できるチェックシートは有効

## 4.6　小集団活動の活性化

　図4.2.1のTQM全体像の中で説明したように、小集団活動は組織能力の向上や戦略テーマ実行のための土台となる「TQMの推進と浸透・定着化」の中の大きな柱の活動である。デミング賞・同大賞への挑戦に向けて進めてきた小集団活動の活性化活動について順を追って説明していく。

### 4.6.1　全体像

　TMKの小集団活動は、表4.6.1に示すように5つのタイプに分類される。

　QCサークルは全員参加の就業時間内の活動で、技能系職場のタックル活動、事務・技術系（事技系）職場のスクラム活動に分かれる。その他の活動として、自主研活動は、TPS（トヨタ生産方式）を活用して工程の改善を行い編成効率の向上を行う活動、チーム活動は各部・課で問題解決や方針達成のためにチームをつくり取り組む活動、プロジェクトチーム活動は方針達成のために部門を横断したチームをつくり取り組む活動である。これらの小集団活動を方針

表4.6.1　小集団活動の分類

| 活動 | | 内容 | チーム数（2018年） | 参加対象 | 活動時間 |
|---|---|---|---|---|---|
| QCサークル | タックル活動 | 技能系職場を中心とした小集団による改善活動 | 663 | 全員参加 | 就業時間内2H/月 |
| | スクラム活動 | 事技系職場を中心とした小集団による改善活動 | 157 | | |
| その他活動 | 自主研活動 | 工程の改善を行い、編成効率の向上を実施 | 16 | 活動に応じてメンバー選出 | 就業時間内＊時間は特に決まってない。 |
| | チーム活動 | 各部、室、課で方針達成や問題解決のためにチームをつくり、取り組む活動 | 133 | | |
| | プロジェクトチーム活動 | 方針達成のために、部門を横断したチームをつくり、取り組む活動 | 48 | | |

達成や日常管理の問題解決のための推進力と捉えている。

**図 4.6.1** は活動の狙いを表している。縦軸は、仕事の質の向上などの成果、横軸は職場の活性化である。例として、右下のタックル活動は主に職場の活性化を目指し、左上のプロジェクト(PJ)チーム活動は成果優先の活動となっている。**図 4.6.2** は活動の領域を表している。縦軸を職層、横軸を活動チームの

成果
〈仕事の質の向上〉
PJチーム活動
方針管理
自主研
活動
チーム活動
スクラム活動
（事技系小集団活動）
日常管理
タックル活動
（技能系小集団活動）
〈人と組織の活性化〉
職場の活性化

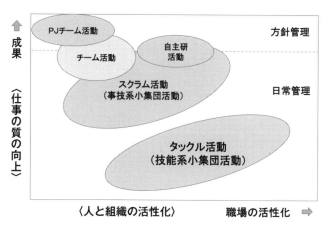

図 4.6.1　小集団活動の狙い

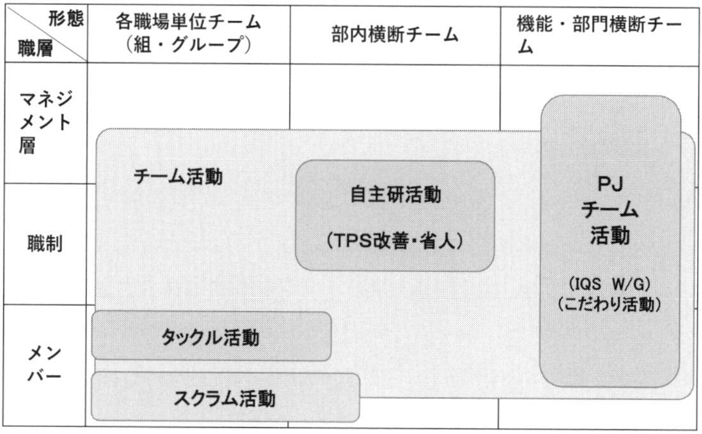

形態
職層
各職場単位チーム
（組・グループ）
部内横断チーム
機能・部門横断チーム
マネジメント層
職制
メンバー
チーム活動
自主研活動
（TPS改善・省人）
PJ
チーム
活動
（IQS W/G）
（こだわり活動）
タックル活動
スクラム活動

図 4.6.2　小集団活動の活動領域

形態別にわけ、どのような領域で 5 つの小集団活動が展開されているのか、マトリックスで整理したものである。左下のタックル活動やスクラム活動は基本的に職場単位でその職場メンバーだけで行われているが、右側の PJ チーム活動は機能別や部門横断的に全社的なプロジェクトを推進するためにマネジメント層からメンバーにいたるまで幅広い職層で取り組まれているということを表している。

　次節からは TQM 活動の中で基本の活動要素の一つの QC サークルであるタックル活動・スクラム活動について詳細に説明する。一方、PJ チーム活動などその他の 3 つの小集団活動については、**4.7 節**以降の各具体的テーマ活動の中でどのように展開しているかを説明する。

## Key ポイント

- 5 種類の小集団活動も方針実行のドライバーとして寄与

### 4.6.2　タックル活動の概要

#### （1）　タックル活動の狙いと推進体制

　まず、タックル活動の名称の意味を説明する。TMK では、親しみを感じてもらうために、次のような愛称をつけている。

> 【タックル活動の名称と意味】
> 　TACKLE：Team Activity for Continuous KAIZEN Lively and
> 　　　　　　Effectively
> 　『いきいき』と『成果』の出る『絶え間ない改善』を行う『チーム活動』

　技能系職場のタックル活動は、社内に約 600 サークルあり、活動は、月 2 時間、就業時間内に、年間 2 テーマを取り組み、年度方針スケジュールと連動させている。

　600 サークル×2回で、年間1,200件の問題解決が実践されており、ものすごいパワーを発揮している。次にタックル活動の狙いを**表4.6.2**に示す。前述した組織能力と同じように、個人や職場で整理している。活動を行うことにより、この表に示すような能力が向上すると考えている。

　次にタックル活動の推進体制を**図4.6.3**に示す。職場組織の各階層ごとに担う役割を明確にしている。各部には、指導員とインストラクターを配置し、自部署内の教育やサークル支援ができる体制を整えている。

### （2）　タックル活動の活性化

　ここでは、タックル活動の活性化への取組みを詳細に説明する。サークルの活性化のために、サークルレベルの向上とやりがい感の醸成の2本柱で取り組んできた。2014年にはTQM推進室を設立し、活性化への強化を図った。2016年までは主に教育体制の整備や褒める場の拡大に取り組んできたが、

**表4.6.2　タックル活動の狙い**

| 個人 | | 個人 | 職場 |
|---|---|---|---|
| 技術・技能面 | | ・問題解決力、未然防止力<br>・スキルのレベルアップ<br>・多能工化<br>・QC七つ道具活用、QC検定<br>・気づき、異常に対する感性 | ・職場の業務遂行力<br>・職場の問題、課題解決力<br>・職場の改善力<br>・方針達成のための問題、課題解決力<br>・3現主義の実践<br>・技術、技能の蓄積と伝承<br>・仕組みの構築、標準化<br>・変化対応力 |
| 人間関係面 | 能力 | ・リーダーシップ力<br>・メンバーシップ力<br>・コミュニケーション能力<br>・協調性 | ・チームワーク<br>・連携力（他部署）<br>・職場内のコミュニケーション |
| | 意識・意欲 | ・使命感、責任感<br>・品質意識、改善意欲、問題意識<br>・達成感、共感<br>・モチベーション | ・協働意識<br>・改善やチャレンジする風土 |

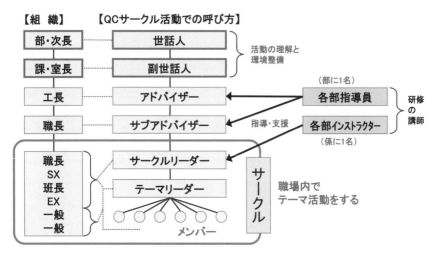

**図 4.6.3　タックル活動の推進体制**

2017年からは　運営方法の改善や手法の拡大に取り組んできた（図 4.6.4）。

　図 4.6.5 はタックル活動の仕組みの改善を表したものである。図 4.6.4 の改善の取組みを仕組み図に落とし込んでいる。これ以降、図 4.6.4 と図 4.6.5 の中の①〜⑭を参照しながら主な改善事例を紹介する。前半はサークルレベルの向上の取組みについて①〜⑨を、後半はやりがい感の醸成の取組みについて⑩〜⑭を説明する。

### （3）　タックル活動にかかわる教育体制

　サークルレベルの向上の最初は、①教育体制の整備　②全教育の内製化・独自化である。図 4.6.6 はタックル活動関係の教育一覧であり、タックル活動に関するキャリアライフプランでもある。縦軸に教育内容、横軸に職位、階層別教育を示している。各部からのニーズを把握し、2014年には、教育体制をほぼ整備できた。また、世話人研修や指導員教育などの高い講師スキルが必要なものについて、以前は外部講師に頼っていたが、2017年までに講師の内製化が完了した。教育内容も活動指針や方針とのリンクなど TMK 独自のアイテム

| 目的 | 課題 | 分類 | 2011年 | 2012年 | 2013年 | 2014年 | 2015年 | 2016年 | 2017年 | 2018年 | 2019年 |
|---|---|---|---|---|---|---|---|---|---|---|---|
| 日程 | | | | | | ★ TQM推進室設立 | QCサークル活動優良企業 | ★ デミング賞 ★ QCサークル経営者賞 | | | ★ デミング賞大賞 |
| 仕事の質の向上 | サークルレベルの向上 | 運営 | | | | | | | | ⑥方針とリンクしたテーマ設定 ⑦サークルの活動指針 | |
| | | サポート体制 | | | ①教育体制の整備 | | | | ②全教育の内製化・独自化 ④インストラクターのサークル直接指導 | | |
| | | | | | ③各部インストラクターの育成 | | | | ⑤活動の視える化・支援ツール整備 | | |
| | | 手法 | | 手法の拡大 | | | | | ⑧SQC(工程能力、ばらつき、単回帰) | ⑨未然防止型QCストーリー | |
| 人と組織の活性化 | やりがい感の醸成 | サポート体制 | | 褒める場の拡大 | | | | | ⑩《社内大会》 ブロック大会新設(ブロック→全社大会) ⑪《社外大会》 地区大会発表チーム 3 ⇒ 6チーム | ⑫《社外大会》 全国大会参加増 | |
| | | | | | | | | | ⑬《社外大会》 国際大会参加(ICQCC, IETEX) ⑭他社とのQCサークル交流会 | | |

図 4.6.4　サークル活動活性化の取組み

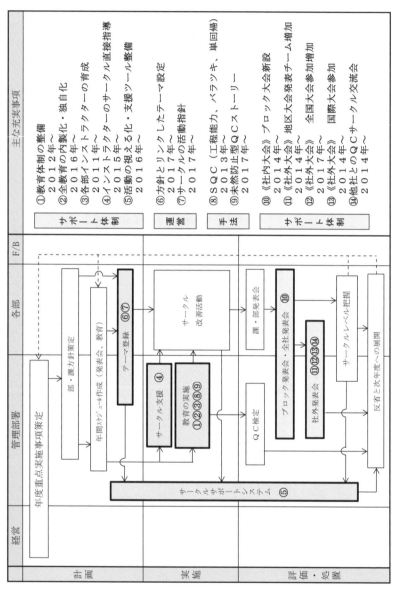

図4.6.5　サークル活動の仕組みの改善

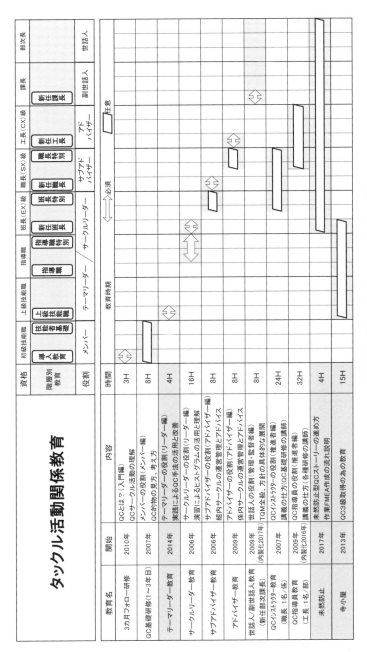

図 4.6.6 タックル活動関係の教育一覧（キャリアライフプラン）

も織り込んでいる。

【Key ポイント】

- 小集団活動の活性化には教育体制の整備が不可欠
- 世話人、副世話人〜テーマリーダーまで各役割に応じた教育・研修があることが望ましい。

### （4）　インストラクターの育成とサークル指導

　次は、③各部インストラクターの育成と④インストラクターのサークル直接指導である。2011 年より係に 1 名インストラクターを配置することを目指してインストラクターの育成を強化してきた。目的は、各部で教育を実施できる体制づくりとインストラクター直接支援による低迷サークルのワンランクアップである。**図 4.6.7** は 2017 年度のインストラクター支援結果である。支援により 80 ％のチームのサークルレベルが向上している。

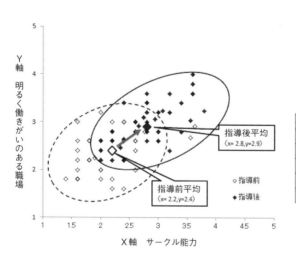

2017 年度
95 チームを支援した結果

| サークルレベル | | チーム数 |
|---|---|---|
| 支援前 | 支援後 | |
| D | C | 13 |
| D | B | 8 |
| C | B | 55 |
| 変わらず | | 19 |
| 合計 | | 95 |

図 4.6.7　2017 年度の支援結果

<Key ポイント>

- 人数が多い企業では、教育数も多い。事務局のメンバーだけで教育をするのは大変である。各部に教育の講師を育成し、各部で教育をやってもらう仕組みを構築するのが良い。
- 講師になることは個人の育成にもつながる。レベルの低いサークルに対してはインストラクターのようなスキルが高い人が教えると効果がある。

## (5) タックル活動の視える化と支援ツール

次は、⑤活動の視える化・支援ツール整備である。デミング賞の受審時は、全社での活動状況の把握が不十分であり、図4.6.8に示すようにタックルシステムというサークルサポートシステムを導入した。社内イントラネットを使った視える化により、サークルレベル、個人能力、テーマ登録内容テーマ進捗状

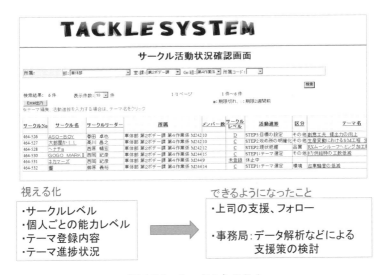

図4.6.8　タックルシステム

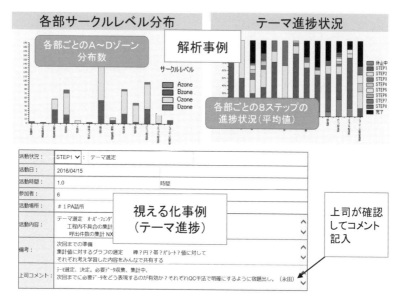

図 4.6.9　解析・視える化の事例

況などを把握できるようになった。これらのシステムでの解析、視える化の事例を**図 4.6.9** に示す。

　視える化では、議事録の事例を示している。会合ごとに進捗状況を記入し、議事録として残す。この情報はすぐにメールで上司へ送られ、上司は進捗を確認し、コメントを記入する。このようにして上司とメンバーとのコミュニケーションを図っている。このような、データの視える化により上司や事務局の支援・フォローがしやすくなっている。

## Key ポイント

- 小集団チーム数が多い場合、データベース管理など支援システムは有効
- 視える化により競争意識も芽生え、モチベーション向上にも有効
- 議事録機能は上司とのコミュニケーションツールとして有効

## （6）　タックル活動のテーマの設定

　次は、⑥方針にリンクしたテーマ設定である。デミング賞の受審時は、方針達成のためのタックル活動の活用という考えの浸透が、まだまだ不十分であった。V30 では、部・課方針との、テーマリンクを明確化した（**図 4.4.2** を参照）。対応として、小集団活動の目的、定義を明確にし、V30 冊子での展開、タックル幹事会、各 TQM 教育、研修でアドバイザー研修での啓蒙活動を進めた。その結果、2019 年には方針にリンクしたテーマが、51％となった。

### Key ポイント

・方針実行のドライバーとして QC サークルを活用

## （7）　サークルレベルに応じた活動

　次は、⑦サークルの活動指針である。TMK の活動指針として、サークルレベルに応じた活動を推奨している。デミング賞の受審時は、テーマ選定から運営まで、各サークルに一任しており、活動のマンネリ化や、テーマがなかなか決まらないという課題があった。そこで、サークルレベルに応じた活動指針を明確にし、全サークルに展開した。**図 4.6.10** のように、サークルレベルに応じて、どのようにテーマを選定するか、どのような手法、ストーリーを活用するかなどの目安を明確にした。また、サークルレベルが高いチームに対しては、部長や課長が方針達成のためにサークルにテーマを与え、活動を推進することも推奨している。サークルをうまく活用することも現場の部長・課長の重要なマネジメントだと考えている。

### Key ポイント

・サークルレベルに応じた活動はサークルの活性化に有効
・QC サークルが継続するためには無理な目標設定をしないことが重要
・サークルをうまく活用することは重要なマネジメント

① デミング賞受審当時の気づき
**・テーマ選定〜運営まですべてをサークルに一任**
⇒ 活動のマンネリ化、テーマがなかなか決まらない。
② 対応
サークル活動指針：**サークルレベルに応じた活動の推進** ─ [・手法の拡大 ・方針とのリンク ・部・課長の指示

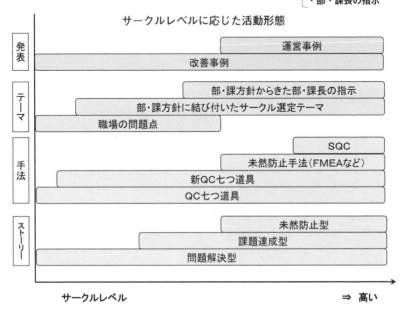

図 4.6.10　サークルレベルに応じた活動

## （8）　未然防止型 QC ストーリーの活用

次は、⑨未然防止型 QC ストーリーの導入と浸透である。デミング賞の受審時、問題解決型・課題解決型のストーリーばかりで未然防止型は活用できていなかったことから、未然防止型 QC ストーリーの導入を推進してきた。**図4.6.10** のとおり、サークルレベルが高い（A、Bゾーン）サークルから、未然防止手法を展開してもらっている。**図 4.6.11** は、未然防止型 QC ストーリーの定着に向けた活動計画である。

フェーズⅠでは、未然防止型の浸透にあたっての、戦略づくりとモデルケー

| 活動計画 | | | |
|---|---|---|---|
| フェーズ | フェーズ Ⅰ | フェーズ Ⅱ | フェーズ Ⅲ |
| 年度 | 2017年度 | 2018年度 | 2019年度 |
| 狙い | 戦略づくりと**浸透**<br>モデルケースづくり | **定着**<br>A、Bゾーンサークルに定着 | **成果出し**<br>安全・品質・生産に貢献 |

2019年札幌全国大会 感動賞受賞

| | | | | |
|---|---|---|---|---|
| **目標** | 社内活用率 | 各部1テーマ | 活用率5% | **活用率10%** |
| | 大会出場 | 社内全社大会出場 | **社外大会 出場**<br>（未然防止 2〜3テーマ） | **社外大会での**<br>**金賞、感動賞など** |
| | 対象範囲 | 品質・安全 | 品質・安全・設備 | 品質・安全・設備 |
| | 手法 | 作業FMEA | 作業・設備FMEA | 作業・設備・工程FMEA |
| | 研修受講率 | 指導員・インストラクター<br>30% | 指導員・インストラクター<br>50% | 指導員・インストラクター<br>75% |
| **支援** | 教育・研修 | ・テキスト作成<br>・講師育成 | ・FMEAエラーモード<br>一覧表作成（安全） | ・FMEAエラーモード<br>一覧表作成（設備）<br>**・階層別教育に織込み** |
| | 実践支援 | ・講師派遣による直接指導 | ・発表会開催による指導 | |
| | 審査員評価 | 審査基準検討 | **審査基準見直し**<br>**（社内大会、**<br>**北部九州地区大会）** | |

**図 4.6.11　未然防止型 QC ストーリーの定着に向けた活動計画**

スづくりを掲げ、教育資料の作成や講師育成に取り組み、各部に1チーム未然
防止型を活用してもらうようにした。特に、現場でFMEAを使えるようにす
るため、実例を用いた実践型の教育を実施した。フェーズⅡでは、A、Bゾー
ンサークルへの定着を掲げ、取り組んだ。社内の全社発表会では、未然防止型
QCストーリーの特別枠をつくって活用を促進した。また、未然防止型QCス
トーリーは問題解決型ほど、派手さがなく、審査で不利になる傾向があったた
め、審査基準の見直しも行った。この審査基準は社外の北部九州地区の大会に
も理解活動を行い、横展を図った。フェーズⅢでは、成果出しを狙って取り組
んだ。特に社外大会に積極的に参加し、北部九州地区大会、全国大会で受賞も
した。また階層別教育にも織り込み、全員が受講できるようにした。

　その結果、各部の指導員やインストラクターへの研修も予定どおりに進み、
活用率は11.5％となり、全国平均1％を大きく上回っている（**図 4.6.12**）。

〈未然防止型 QC ストーリー研修〉

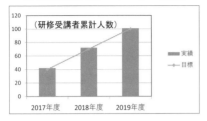

〈未然防止型 QC ストーリー活用率〉

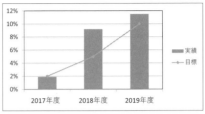

対象: 指導員全員・インストラクター（各課2名）

＊第9回QCサークル活動の全国実態調査：
未然防止型活用率1％未満

**図 4.6.12　未然防止型 QC ストーリーの導入効果**

## Key ポイント

- 未然防止型 QC ストーリーは QC サークルのレベルアップに不可欠
- FMEA を実践することで、現場のリスクアセスメント能力や KYT 能力が向上した。

　ここでは、やりがい感の醸成の活動について説明する。TMK では、やりがい感の醸成のために、小集団活動の成果発表〜表彰の場づくり、および実行した改善項目に対する「創意くふう提案制度」により、大きな金額ではないが賞金を出して労に報いるという 2 つの軸で対応している。

## （9）　褒める場の拡大

　最初は、⑩《社内大会》ブロック大会新設（ブロック⇒全社大会）である。相互研鑽の場と発表の機会、褒める場の拡大として、ブロック大会を新設した事例である。当初、社内大会においてブロック大会はなく、部の大会で選出された12 チームが全社大会に出場していた。そこで、全社大会の前に全社を 4 つに分けたブロック大会を新設し、発表数を 28 に増やした。現在ではブロック大会に出場するチームのレベルも非常に高くなり、ブロック大会で発表した内容

でも社外の発表でも十分通用するレベルになってきている。

---

【改善前】部大会⇒全社大会（12 チーム）

【改善後】部大会⇒ブロック大会（28 チーム）⇒全社大会（9 チーム）

---

　ただし、褒める場の拡大において特に事務局として気をつけている点がある。ブロック大会や全社大会で賞をとることが目的の QC サークル活動にならないように、研修・教育、タックル幹事会などの場で日頃から口酸っぱく言っている。最近の全国大会や全日本選抜 QC サークル大会を聴講して感じることだが、漫画を多く使ったり、過度なプレゼン資料の装飾が一部に見受けられる。そのような時間があるならば、他の改善をしたほうがよいと思っている次第である。入賞したい気持ちは十分わかるが、こういう風潮になっていくと、QC サークル活動のやらされ感が増えたり、最悪はデータを改ざんした資料を作成したり、QC サークル活動の衰退の原因になりかねない。そのため TMK では、漫画や装飾に時間をかけず、シンプルでわかりやすい資料づくりと中身の充実を推進している。

### Key ポイント

- 創意くふう制度と発表〜表彰の褒める場の拡大は相互研鑽、やりがいの醸成など小集団活動の活性化に有効
- 入賞するための過度なプレゼン資料づくり（漫画、装飾など）は、QC サークル活動の衰退の原因にもなる。
- QC サークルの事務局は、上記の理解活動が必要

### （10）　社外大会への参加の推移

　次は、⑪〜⑬《社外大会》への積極的参加である。2013 年までは、社外発表の機会が不十分であった。2014 年以降、北部九州大会の出場チーム数を 4 か

ら 6 チームに増やし、2015 年からは、国際大会、2017 年からは全国大会へ積極的に参加するようにした。**図 4.6.13** のとおり、社外大会参加の仕組みを構築し、全国大会や国際大会に積極的に参加することにより、褒める場の拡大とやりがい、達成感の向上を図ってきた。

　2014 年以前は、全国、国際大会の出場は、ほとんどなかったが、2015 年から 2019 年にかけて、全国と国際大会を合わせて 20 チーム出場している。

　他チームの発表を見て刺激を受けたり、金賞や感動賞を受賞し、達成感を味わったりしてモチベーションの向上につながっている。

### Key ポイント

・社外大会での金賞、感動賞などの受賞は、達成感を得られ、次からの活動の大きな原動力となる。


### （11）　上司が関心を持つことが有効

　以上のような活動をとおして、タックル活動の活性化を図ってきたが、筆者の中村が塗装部長のときに、サークルの活性化のために実践したことを紹介する。

　塗装部長になったとき、**図 4.6.6** の教育一覧の中にある世話人研修を受講した。その研修でトップ、経営層、各部長は、(a) 活動を理解し、環境を整える、(b) 褒める、労う、(c) 関心を持つ、関心を持っていることを示すことが大切だと教わった。それで、(b) と (c) を実践しようと思い、塗装部の全サークルを回って褒めることを実践した。新たに資料をつくる必要なし、途中段階の内容でも OK とし、全 75 サークルを 1 回 15 ～ 20 分かけて回った。資料を見たり、説明を聞いたりする中でとにかく 3 つ良いところを見つけ、とにかく褒めることに徹した。レベルの低いチームでは、良いところを 3 つ見つけるのは非常に難しかったが、なんとかこなした。そのかいもあって、サークルに取り組む態度が変わり、全社大会にも塗装部から 2 チーム出場、1 チームは金賞を受

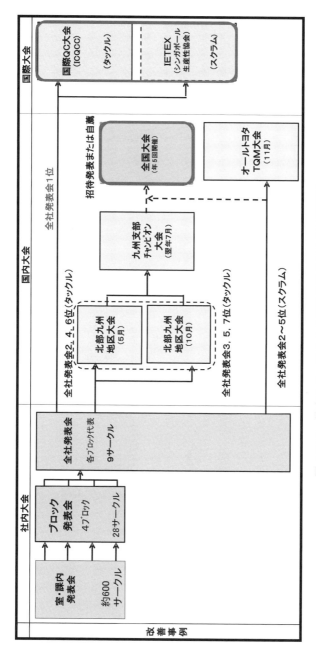

図 4.6.13 社内大会〜社外大会の選抜の仕組み (改善事例)

賞した。さらに国際大会にも出場し、ダイヤモンド賞を受賞した（IETEX シンガポール大会）（図 4.6.14）。このように、上司が関心を持っていることを示すことが活性化に非常に有効である。

### （12） タックル活動の効果

最後に、タックル活動の効果について説明する。図 4.6.15 のグラフはタックル活動のサークルレベル推移を示している。D ゾーンサークルが大幅に減

図 4.6.14　2015 年 IETEX シンガポール大会

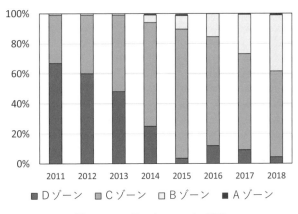

図 4.6.15　サークルレベル推移

図 4.6.16　いきいき度推移

少しＢゾーンサークルが増加してきている。図 **4.6.16** のグラフは、いきいき度の推移を表している。すなわち、やりがい感の醸成である。いきいき度は職場マネジメントアンケート結果から算出している。目標をほぼ達成し、年々徐々に向上している。

　図 **4.6.17** は、社外大会の受賞一覧である。活動の活性化により社外大会で確実に入賞できるようになってきた。

## 4.6.3　スクラム活動の概要

### （1）　スクラム活動の狙いと推進体制

　事技系のサークル活動もタックル活動同様にスクラム活動という愛称をつけている。

【スクラム活動の名称と意味】

SCRUM：Successive Challenge for Resolution by United Members
団結したメンバーによる課題解決のための継続的な挑戦

　スクラム活動も全員参加で取り組んでおり、社内で約 160 サークルが活動している。タックル活動に比べ、歴史が浅く、さらなる活性化が課題であった。

| 分類 | 大会 | | 賞名 | 数 | 評価 | 2010年 | 2011年 | 2012年 | 2013年 | 2014年 | 2015年 | 2016年 | 2017年 | 2018年 | 2019年 | 備考 |
|---|---|---|---|---|---|---|---|---|---|---|---|---|---|---|---|---|
| 技能系 | 改善事例 | 北部九州地区大会(5,10月) | 県知事賞 | 2 | 相対 | 1 | | 1 | 1 | | 2 | 1 | 2 | 1 | 1 | 地区大会の賞獲得（各社1件） |
| | | 北部九州地区大会(7月) | 地区長賞 | 6 | 相対 | | 2 | 2 | 1 | 3 | 4 | 4 | 4 | 2 | 3 | |
| | | 九州支部大会(7月) | 地区賞 | 1 | 相対 | 1 | | | | | | | | | 1 | |
| | | 全国大会（年5回開催） | 銀賞 | 1 | 絶対 | 1 | | | 1 | 1 | 1 | 1 | 1 | | 1 | 自薦で出場 |
| | | 国際大会 ICQCC（アジア13カ国持ちまわり） | 感動賞 | 基準以上 | 絶対 | 1 | 不参加 | | 1 | | 2 | 2 | 1 | | 2 | 過去、日本から参加で最高順位はTMK |
| | | | 金賞 | 基準以上 | 絶対 | | | | | | | | | 1 | | |
| | | | 銀賞 | 基準以上 | | | | | | | | | | | | |
| | | IETEX (Singapore Productivity Association主催) | プラチナ | 2 | 相対 | | | | | 1 | 1 | 1 | 1 | 1 | 1 | 地区大会の金、銀賞が出場 |
| | | | ダイヤモンド | 3 | | | | | 1 | 1 | 1 | 1 | 1 | 1 | 1 | 支部大会の金、銀賞が出場 |
| | | | 金賞 | 3 | | | | | | | | | | | | |
| | 運営事例 | 北部九州地区大会(5,10月) | 金賞 | 1 | 相対 | | | | 1 | 1 | 1 | 1 | 1 | 1 | 1 | |
| | | 九州支部大会(7月) | 銀賞 | 1 | 相対 | | | | 1 | 1 | 1 | 1 | 1 | 1 | 1 | |
| | | 全国大会(11月) | 金賞 | 基準以上 | 絶対 | | | | 1 | 1 | 1 | 1 | 1 | 1 | 1 | |
| | | | 銀賞 | 基準以上 | | | | | | | | | | | | |
| | 石川賞賞 | 石川賞奨励賞 | | 2 | 相対 | | | 1 | | 1 | 2 | 6 | 4 | 4 | 4 | 地区が推薦 |
| 事技系 | 改善事例 | オールトヨタTQM大会 | | 約40 | | | | | | | | | | | | 数値は参加数 |
| | | 全国大会（年5回開催） | 感動賞 | 基準以上 | 絶対 | | 不参加 | | | | | 1 | | 1 | | |
| | | 国際大会 ICQCC（アジア13カ国持ちまわり） | 金賞 | 基準以上 | 絶対 | | | | | | | | | | | 2018年スター賞（優秀上位10サークル） |
| | | | 銀賞 | 基準以上 | | | | | | | | | | | | |
| | | IETEX (Singapore Productivity Association主催) | プラチナ | 2 | 相対 | | | | | | | | | | | |
| | | | ダイヤモンド | 3 | | | | | | | | | | | | |
| | | | 金賞 | | | | | | | | | | | | | |

図4.6.17　社外大会受賞一覧

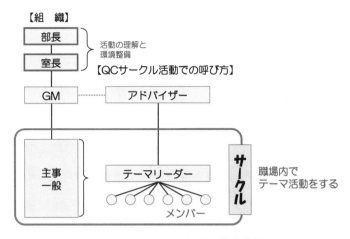

**図 4.6.18 スクラム活動の推進体制**

推進組織は**図 4.6.18** のようになっており、サークルは主事および一般のメンバーで構成され、グループマネージャーがアドバイザーとなっている。タックル活動と違ってチームはテーマに応じて構成されるため、毎年メンバーの編成が変わる。

### (2) 事技系の小集団活動活性化の取組み

　事技系の QC サークル活動は、2013 年までほとんど行われていなかった。一部、スタッフ業務の自工程完結(JKK)活動や SQC などを活用した発表会があったが、ほとんどがチームでの取組みではなく個人主体の取組みであった。

　2013 年、他社の事技系部署 QC サークルのベンチマーク結果を見て会社の競争力を高めるために事務局が事技系 QC サークル活動を提案した。狙いは、複数の人が一緒に活動することにより、学ぶスピードを上げ、レベルアップを図ることにあった。もう一つは、残業レベルが高いので、改善により既存業務の効率化を行うことであった。活動を実施するために、事務局が各部を回り、理解活動を行ったが、各部から「現在の技術員テーマ発表(1 テーマ／人)」の取組みで十分、技術員業務は 5 〜 10 人の小集団で取り組みにくいという意見

が多く、多くの人が腹落ちできていなかった。

その中で2014年から、幹部職への説明会、社長からのメッセージ発信、日本科学技術連盟の佐々木理事長の講演などの仕掛けを実施し、なかば強制的に活動を開始した。テーマを登録し、チームでの会合を重ね改善を行い、室長への発表会を行い、すぐれたテーマについては、ブロック大会、全社大会に出場させた。毎年、参加率は100％であったが、最初はやらされ感一杯の活動であったと思う。しかし、2年3年と経つうちに、やらされ感が減って満足度が向上してきた。理由として、達成感を味わったり、自分の知識、スキルが向上したことなどがある。主な理由を以下に示し、さらに、どのような仕掛けをしてきたか、詳細に説明する。

【満足度向上の理由（アンケート結果から）】

① 達成感向上
- 会社方針にリンクしたテーマを取り上げ、目標達成⇒会社への貢献
- 効果コストの視える化により貢献度がわかる。
- 難しい課題を全員で知恵を出して解決
- 社内・社外大会での入賞や褒める場の拡大

② 知識、スキル向上、自己研鑽
- 発表会を通じて他チームの改善方法や手法の習得
- 活動を通じて新しい手法を学んだりして知識向上
- 自業務以外の知識、スキル向上

③ 連携力、チームワーク向上
- チーム内のコミュニケーション活性化
- 他チーム、グループとの連携強化
- チームワークの向上

図4.6.19にスクラム活動活性化の取組みを示す。タックル活動と同様にサークルレベルの向上とやりがい感の醸成の2本柱で取り組んでいる。

また、図4.6.20はスクラム活動の仕組みの改善を表している。

これ以降、図4.6.19および図4.6.20の中の①～⑫を参照しながら主な改善

| 目的 | 課題 | 分類 | 2011年 | 2012年 | 2013年 | 2014年 | 2015年 | 2016年 | 2017年 | 2018年 | 2019年 |
|---|---|---|---|---|---|---|---|---|---|---|---|
| 日程 | | | | | | ★TQM推進室設立 | ★QCサークル活動優良企業 | ★デミング賞　★QCサークル経営者賞 | | | ★デミング賞大賞 |
| 仕事の質の向上 | サークルレベルの向上 | 運営 | | | | ①教育体制の整備 | | | ④方針とリンクしたテーマ設定　⑤サークルの活動指針 | | |
| | | サポート体制 | | | | | | | ②全教育の内製化・独自化　③活動の見える化・支援ツール整備 | | |
| | | 手法 | | | | | ⑥SQC・JKK | | ⑦SQC出前相談 | ⑧機械学習 | |
| 人と組織の活性化 | やりがい感の醸成 | サポート体制 | 褒める場の拡大 | | | | ⑨《社内大会》 | | ブロック大会新設（ブロック⇒全社大会）　⑩《社外大会》オールトヨタTQM大会　⑪《社外大会》全国大会　⑫《社外大会》国際大会（ICQCC, IETEX） | | |

図 4.6.19　スクラム活動活性化の取組み

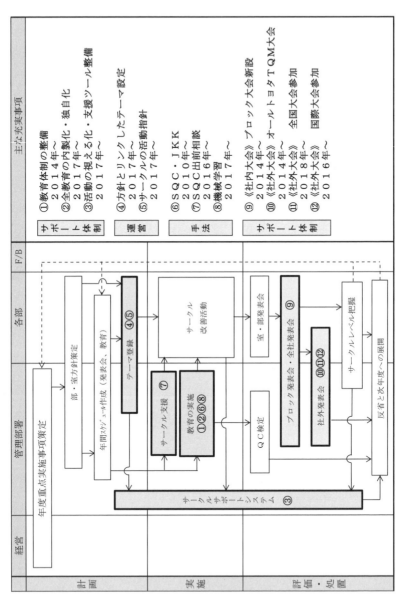

図 4.6.20　スクラム活動の仕組みの改善

事例を紹介する。前半はサークルレベルの向上の取組みについて①～⑧を、後半はやりがい感の醸成の取組みについて⑨～⑫を説明する。

### （3）　スクラム活動の教育体制

サークルレベルの向上の最初は、①教育体制の整備、②全教育の内製化・独自化である。

図4.6.21は、スクラム活動関係の教育一覧であり、スクラム活動に関するキャリアライフプランでもある。縦軸に教育内容、横軸に職位、階層別教育を示している。教育はサークル運営に関するものと手法に関するものの2種類がある。講師も育成しながら2017年にはすべての教育を内製化している。

スクラム活動の教育は、タックル活動と比較して手法の教育が多くなっている。スクラム活動は、先に述べたように毎年メンバー編成が変わり、サークルの継続性はあまりないが、初めてサークルリーダーやアドバイザーを担当した人を対象に運営方法の教育を実施している。

$$\boxed{\textbf{Key ポイント}}$$

- 小集団活動の活性化には教育体制の整備が不可欠
- 事技系については、問題解決力向上のため、SQCなどの高度な手法の教育も必要

### （4）　スクラム活動の視える化と支援ツール

次は、③活動の視える化・支援ツール整備である。タックル活動と同じように、スクラム活動でもサークルサポートシステムを導入した。社内イントラネットを使った視える化の仕組みである。タックルシステムをベースに使い勝手の向上や業務の効率化を目指し、改良を加え構築した（図4.6.22）。

図4.6.23は、個人能力の視える化の事例である。このシステムでは、個人ごとの能力も入力できるようになっており、データの視える化により上司や事

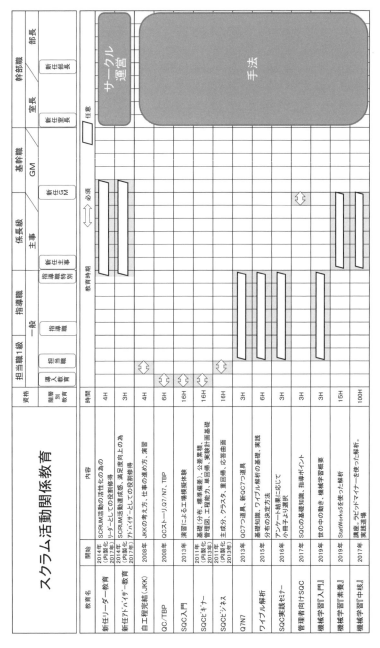

図 4.6.21　スクラム活動関係の教育一覧（キャリアライフプラン）

① デミング賞受審当時の気づき

　　・活動状況が把握できない。

　　・上司の支援不足

② 対応　　　　サークルサポートシステムの導入

　　　　　　　（社内イントラでの視える化＆分析による支援策検討）

視える化

・サークルレベル
・個人ごとの能力レベル
・テーマ登録内容
・テーマ進捗状況

→

出来るようになったこと

・上司の支援、フォロー

・事務局：データ解析などによる
　　　　　支援策の検討

図 4.6.22　スクラムシステムと視える化の事例

| X軸（能力） | | 評価 | | | |
|---|---|---|---|---|---|
| | | 活動前 | | 活動後 | |
| 1 | QC的ものの考え方とTBPの理解 | QC的ものの見方・考え方及び8stepの考え方を理解できていますか | 未回答 | ▼ | 未回答 | ▼ |
| 2 | 問題解決力 | 日常の問題点について対策を立案・実践し、解決することができていますか | 未回答 | ▼ | 未回答 | ▼ |
| 3 | 課題解決力 | 業務課題を認識し、ありたい姿へ近づける為の方案を立案・実践して、解決することができていますか | 未回答 | ▼ | 未回答 | ▼ |
| 4 | 未然防止力 | 業務上起こり得る潜在的な問題を洗い出し、方策を立案し、未然防止に繋げることができていますか。 | 未回答 | ▼ | 未回答 | ▼ |
| 5 | テクニカルスキル | 業務の専門知識・スキルの習得及び活用ができていますか | 未回答 | ▼ | 未回答 | ▼ |
| 6 | TQM手法の活用 | 業務の中で、TQM手法（事務系：Q7N7、JKK、技術系：SQC）を活用できていますか | 未回答 | ▼ | 未回答 | ▼ |
| 7 | リーダーシップ | 他メンバーをリードして、活動を推進できていますか | 未回答 | ▼ | 未回答 | ▼ |
| | | 合計 | 0 | | 0 | |

| Y軸（いきいき職場） | | 評価 | | | |
|---|---|---|---|---|---|
| | | 活動前 | | 活動後 | |
| 1 | チームワーク | 他メンバーの意見を聞き、建設的な発言ができていますか | 未回答 | ▼ | 未回答 | ▼ |
| 2 | チームワーク | チームリーダー・メンバーと協力して活動ができていますか | 未回答 | ▼ | 未回答 | ▼ |
| 3 | 連携力（上司・他部署） | 上司・関連部署と連携して活動を進めることができていますか | 未回答 | ▼ | 未回答 | ▼ |
| 4 | 情報収集力 | 社内外から積極的に情報を収集し、活用できていますか。 | 未回答 | ▼ | 未回答 | ▼ |
| 5 | 活動に対する積極性 | 自分の役割に応じた行動を積極的に実施できていますか | 未回答 | ▼ | 未回答 | ▼ |
| | | 合計 | 0 | | 0 | |
| | | 平均 | 0.0 | | 0.0 | |

図 4.6.23　個人能力の視える化の事例

務局の支援やフォローが、やりやすくなっている。

　また、会社への貢献度がわかりにくいため、達成感が少ないという不満が一部にあったため、コストの視える化を行った。コスト低減や工数低減などのコスト換算は簡単に算出できるが、品質向上や安全性向上などについては、コスト換算が難しい。そこで、事務局で表 4.6.3 に示すような換算表を作成し、すべての改善項目のコスト試算化を実施した。

　図 4.6.24 は、コスト試算の事例である。事技系の職場においては、コスト意識が強いので、このような小さな取組みでも達成感向上につながってくる。

　さらに、このシステムでは議事録機能を強化しており、議事録の自動配信や進捗状況を視える化することで情報共有や工数低減を図れた。また、他チームの議事録も検索機能を使って参照できるようになっているため、他チームの良い点を簡単に学ぶこともできるようになっている。

**表 4.6.3　コスト試算表**

| 指標番号 | 効果指標 | 換算の切り口 | 換算単位 |
|---|---|---|---|
| 1 | 安全 | 工数 | ＊＊＊＊円／h |
| | | 医療費 | 休業補償費 |
| 2 | 品質<br>(不具合低減含) | 手直し工数(対応工数) | ＊＊＊＊円／h |
| | | 部品代(交換・廃棄など) | 品番別購入単価 |
| | | 無償修理費 | 請求金額 |
| 3 | 工数 | 工数低減 | ＊＊＊＊円／h |
| 4 | コスト | 部品代 | 品番別購入単価 |
| | | 経費(部品代・投資費以外のコスト) | |
| | | 投資費(設備費、保全費、IT 費) | 設備 |
| 5 | 環境 | エネルギー低減 | |

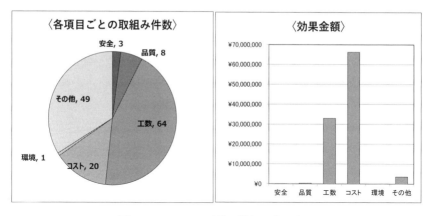

**図 4.6.24　コスト試算の視える化の事例**

【Key ポイント】

- 小集団チーム数が多い場合、データベース管理など支援システムは有効
- 視える化により競争意識も芽生え、モチベーション向上にも有効
- 事技系職場はコスト意識が高いため、コストの視える化が重要

## (5)　スクラム活動のテーマ設定

　次は、④方針にリンクしたテーマ設定である。タックル活動と同様にスクラム活動においても、方針にリンクしたテーマ設定を推奨している。スクラム活動は事技系職場の活動であり、成果をより重視しているため、方針にリンクしたテーマ設定がタックル活動よりもさらに強くなっている。その結果、方針にリンクしたテーマが、2016 年度は 60 ％であったが、2018 年度には 98.5 ％までになった。

【Key ポイント】

- 方針実行のドライバーとしての QC サークル
- 事技系は成果重視の活動のため、方針にリンクしたテーマが多い。

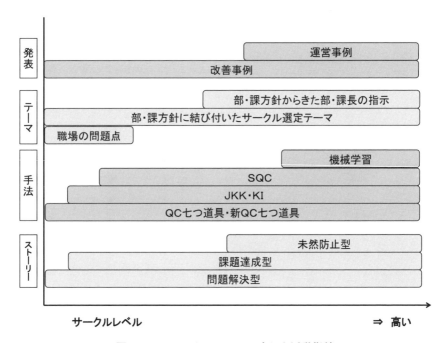

図 4.6.25　サークルレベルに応じた活動指針

## （6）　サークルレベルに応じた活動

　次は、⑤サークルの活動指針である。タックル活動と同様にスクラム活動においてもサークルレベルに応じた指針を決めている（**図 4.6.25**）。

　手法の部分がタックル活動と大きく異なっている。

**Key ポイント**

・事技系職場においては SQC や機械学習などの高度な手法を活用して問題・課題解決力を強化することが必要

## （7）　SQC 活用の仕掛け

　次は、⑦ SQC 出前相談である。技術員に関しては、社内セミナーの「SQC

① 課題（デミング賞受賞当時の問題点）
SQC の活用率が低い。　⇒　実践支援を行い、活用率の向上や
問題解決力の向上を図る。
**（技術員）**

② 実践支援状況（相談対応）

・2016年から
　各部門に出向いての相談対応追加
・2017年
　簡単な質問は HPによるQ＆A対応

③ 手法の活用状況

・2016年
　SQC活用拡大による問題解決力向上
・2017年
　事務部門のJKK能力向上
・2019年
　機械学習登場

図 4.6.26　SQC 出前相談

ビギナー」、「SQC ビジネス」の受講を必須としている。しかし、教育をして
も活用率が低いため、事務局が相談を受けて実践支援をしていた。さらに実践
支援を強化するため、2016 年より各部に 1 日駐在して相談をする「出前相談」
を開始した。月に 1 回、テクニカルセンターや苅田工場・小倉工場に出向き
対応している。これにより、相談件数が増加し、活用件数も向上してきた（**図
4.6.26**）。

**Key ポイント**

- SQC や機械学習などの高度な手法については活用してもらうために実
践支援が大切（事務局のいろいろな仕掛けが必要）

## （8） 機械学習の教育体制

　次は、⑧機械学習の教育体制整備である。IoTやAIなどのデジタル技術の革新に伴い、それらを活用したソリューションニーズの増加や夢のある3C工場の中のスマート工場を実現するためにも、今後ビックデータなどの分析が必要となると考え、機械学習の教育体制を整備した。技術系職場の技術力向上方策の大きな柱として進めている。素養を持った人財づくりは、社内での教育、中核人財づくりは、トヨタグループの道場、産学連携の研修でそれぞれのレベルの育成を進めている（図4.6.27）。特に、産学連携の研修については、文部科学省のデータサイエンティスト育成事業とTMKのニーズがマッチングしたものである。

　素養を持った人財〜中核人財〜TOP人財の機械学習人財の力量定義は、表4.6.4に表している。具体的な成果として、生産技術部、品質保証部において、

① デミング賞受審以降の環境の変化
　機械学習を活用したソリューションニーズの増加
② 対応：機械学習の教育体制の整備

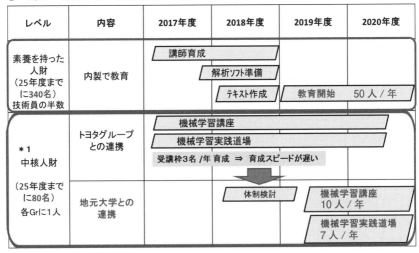

**図 4.6.27　機械学習の教育体制の整備**

AI を活用した車両異音検査の自働化、タイヤロゴの自働検査、ルールエンジンを使った検査員配置自動化、テキストマイニングを使った CR 情報解析など、実際の改善活動に適用し始めている。

---

**Key ポイント**

- 機械学習を活用できる人財育成には相当時間がかかる。
- 将来の姿を見据えて、人財を育てていないと、将来、競争力を失う。
- 地元の大学と連携した講座は大きなメリットがある。
  ① 大学が会社から近いため、出張時間や出張旅費の大幅低減となる。
  ② 大学と調整しながら講座内容を決めていくので、企業側のニーズを受け入れてもらえる。

---

### (9)　褒める場の拡大

ここでは、やりがい感の醸成の活動について説明する。

最初は、⑨《社内大会》ブロック大会新設（ブロック⇒全社大会）である。スクラム活動を本格的に開始した 2014 年から、タックル活動にならってブロック大会を設定している。設計・開発、生産技術、製造、事務管理の 4 つのブロックに分けて運営をしている。全社大会で、SQC、自工程完結（JKK）などいろいろな手法が見られるように、ブロック大会でのブロック分けを工夫している。

---

**Key ポイント**

- ブロック分けの工夫が必要（SQC 手法を使った改善と JKK 手法を使った改善を比べると SQC 手法のほうが派手に見え、有利になることがある。全社大会で発表部署が偏らないように、ブロック分けの工夫が必要）。

表 4.6.4　機械学習

| TMK 人財 | イメージ | 期待行動 | 統計数理 | 解析対象 データ種類 | 解析ツール / プログラミング |
|---|---|---|---|---|---|
| TOP | 上級 | ・R や Python など の統計解析言語に 追加された新手法 を専門書を読んで 自ら手の内化でき る。<br>・既存の幅広い手法 を理解し、適切に 活用できる。<br>・中核人財にアドバ イスできる。 | 最適化理論（複雑な 関数の微積分など） の理解 | 音声、画像など動的 データの解析ができ る。 | R や Python など統 計解析言語のプログ ラムを新規作成でき る。CRAN/GitHub などの海外サイトに 投稿できる。kaggle などのコンペに参加 できる。 |
| 中核 ② | 中級 ② | ・自部署データにつ いて「業務プロセ ス」に則して独り で活用できる。<br>・研修以外の既存の 手法を扱える。<br>・仕入先向と対等な 議論、仕様書作 成、検収できる<br>・素養人財にアドバ イスができる。 | 線形代数（行列、固 有値など）の理解 | テキスト、波形、時 系列データの解析が できる。 | R や Python など統 計解析言語のプログ ラムを変更できる。 CRAN/GitHub など の海外のサイトにア クセスでき英語のマ ニュアルが読める。 |
| 中核 ① | 中級 ① | | | | RapidMiner や JMP や Modeler など統 計解析ソフトをマ ニュアルを読みなが ら使える。 |
| 素養 ② | 初級 ② | ・自身が扱っている データについて、 研修で習得した業 務プロセスと基本 手法が使える。 | 基礎（Σ、2次関数、 対数、指数など）の 理解 | 数値など静的データ の解析ができる。 | StatWorks および StatWorksDB 版を 使える。 |
| 素養 ① | 初級 ① | ・研修を受講し、演 習データについて 得した業務プロ セスと基本手法が 使える。 | | | |
| 入門 | — | ・機械学習の概要や うれしさを知って いる。 | （研修では教えない） | （研修では教えない） | （研修では教えない） |

## 人財の力量定義

| DB 構築 | データ前処理 | モデル作成 | 育成時間 [h] |
|---|---|---|---|
| 社内データを SQL（データベース管理システム において、データの操作や定義を行うためのデータベース言語）などで構築できる。 | フィルタリング、平滑化、ブートストラップ補間などのノイズ除去や計測機器の分解能補正できる。 | R や Python に新規搭載された手法を使える。 | 専門職。専門職でない方は趣味としてやってる方が多い。（マニア） |
| Access や統計解析言語を使って構築できる。 | 重み付平均値補間、回帰補間、マハラノビス汎距離、k 近傍法、1C-SVM など、欠損値や外れ値の検出と処理ができる。 | ハイパーパラメータ調整（グリッドサーチ）、情報基準量、交差検証、誤判別率、ROC などモデル評価できる。 | 400 ～ 600 |
| Access や統計解析ソフトを使って構築できる。 | | | 200 ～ 300 |
| Excel（Vlookup など）を使って構築できる。 | ヒストグラム、箱ひげ図、散布図行列など可視化できる。階層的クラスター分析、K-Meams、混合ガウス分布など層別できる。 | GLasso、カーネル主成分、混合ガウス分布、SVM、Lasso回帰など研修で教える基本手法が使える。 | 50 ～ 100 |
| （研修では教えない） | | | 16 ～ 50 |
| （研修では教えない） | （研修では教えない） | （研修では教えない） | 3 |

## （10） 社外大会への参加の推進

次は、⑩〜⑫《社外大会》への積極的参加である。タックル活動と同様に社外大会に参加していたが、最初はオールトヨタ TQM 大会の発表だけであった。そこで、褒める場の拡大とやりがい、達成感の向上を狙い、タックル活動と同様に全国大会や国際大会に積極的に参加することにした。**図 4.6.28** は、国際大会（2018 年 ICQCC 大会シンガポール）の写真である。約 480 チームが参加し、その中で特に優秀な 10 チームに与えられるスター賞を受賞した。発表は当然英語であり、英訳など大変であったが、達成感、やりがい感の向上につながった。このような活動をとおしてスクラム活動がだんだんと活性化してきた。

## （11） スクラム活動の効果

最後に、スクラム活動の効果について説明する。スクラム活動は、前述したように毎年メンバー編成が変わるので、サークルの継続性がないために、サークルレベルについては省略する。**図 4.6.29** はスクラム活動のいきいき度を示す。タックル活動と同様に、職場マネジメントアンケート結果から算出している。いろいろな施策の結果、年々向上してきている。

**図 4.6.28 国際大会：2018 年 ICQCC シンガポール**

図4.6.29　いきいき度の推移

Keyポイント

・活動を活性化するにはいろいろな仕掛けが必要。時には人参(褒美)も必要

## 4.6.4　タックル活動・スクラム活動の位置づけ

　今までタックル活動・スクラム活動の概要について述べてきたが、最後にこれらの活動のTQMにおける位置づけを説明する。1.1節「TQMの全体像」、4.2節「TQMの推進」、4.3節「組織能力の定義と向上作戦」で説明したように、TMKではTQM活動を実践して組織能力が向上し、その結果、V30戦略テーマ活動や日常管理活動が効率的・効果的に実行できるという構図になっている。この考え方をTQM活動の主活動であるタックル活動・スクラム活動に当てはめたものが図4.6.30である。

　今まで説明したいろいろな人財育成の実践や視える化、褒める場の拡大などの仕組み・環境・体制の構築をすることで、この図にあるような組織能力が向上し、戦略テーマ活動や日常管理活動に貢献できるという構図になっている。図の下にある「活動要素＆手法のお手本」の内容は表4.6.5のようになっている。

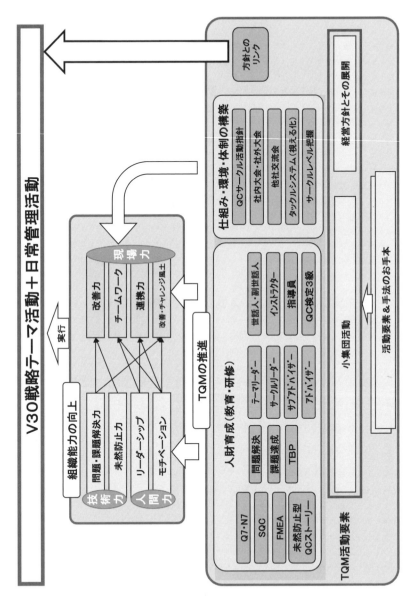

図 4.6.30　タックル活動・スクラム活動の位置づけ

表 4.6.5 タックル活動・スクラム活動の活動要素＆手法のお手本

| 項目 | | あるべき活動 | 手法・ツール |
|---|---|---|---|
| QC サークル 「スクラム」 「タックル」 | 全般 | • タックル活動、スクラム活動業務要領、仕組み図<br>• 年間スケジュール（教育、発表会）<br>• 推進組織定例会<br>　（TACKLE 幹事会 /SCRUM 分科会）<br>• 北部九州地区　定例会<br>• 九州支部　定例会<br>• オールトヨタ TQM 大会　定例会<br>• 九愛会　定例会 | • 業務要領<br>• 各組織体の規則<br>• 活動の仕組み図<br>• タックル / スクラム HP |
| | 運営 | • 全員参加、継続的改善<br>• 自主的運営<br>• サークル活動時間確保<br>• サークルの活動指針（サークルレベルに応じた活動）<br>• 方針にリンクしたテーマ選定<br>• 現地現物<br>• 標準化<br>• 水平展開<br>• サークルレベルの把握<br>• 個人能力の把握<br>• 審査基準 | • サークル活動指針<br>• サークルレベル評価法<br>• 個人能力評価法<br>• 審査基準表<br>• 部方針、課方針 |
| | 教育 | • QC 基礎教育<br>• TBP 教育<br>• テーマリーダー教育<br>• サークルリーダー教育<br>• アドバイザー / サブアドバイザー教育<br>• 世話人 / 副世話人教育<br>• QC インストラクター教育<br>• QC 指導員教育<br>• 寺子屋（QC 検定 3 級取得支援）<br>• 未然防止型 QC ストーリー教育<br>• SQC ビギナー、ビジネス教育<br>• SQC 専門教育<br>• 機械学習教育、機械学習実践道場 | • 各種教育資料<br>• QC ストーリー<br>　（問題解決、施策実行、課題達成、未然防止）<br>• TBP<br>• Q7/N7<br>• FMEA、FTA<br>• SQC<br>• 機械学習<br>• JKK<br>• 業務要件シート<br>• PDCA/SDCA<br>• QC 検定テキスト<br>• 要旨集（優秀事例）<br>• StatWorks<br>• Excel SQC<br>• タックル / スクラム HP |
| | サポート体制 | • 職場発表会（課内、部内発表会）<br>• 社内発表会（ブロック大会、全社大会）<br>• 社外発表会（国内大会、国際大会）<br>• オールトヨタ TQM 大会<br>• 社外交流会<br>• 発表資料作成支援<br>• TQM 手法窓口相談<br>• TQM 手法出前相談<br>• 活動の視える化（サークルレベル、進捗など）<br>• 低迷サークルの個別支援 | • タックルシステム<br>• スクラムシステム<br>• タックル / スクラム HP<br>• 社外大会選出基準 |

**Key ポイント**

- タックル活動・スクラム活動は、現場力の中の「改善力」、「チームワーク」、「連携力」、「改善・チャレンジ風土」を向上させる手段として有効
- 上記の能力を向上させるには、個人の能力である「問題・課題解決力」、「未然防止力」、「リーダーシップ」、「モチベーション」の向上が必要であり、加えて、教育体制の整備、活動の視える化、褒める場の拡大などのいろいろな仕掛けをして、仕組み、環境、体制を整備することが重要
- 管理者はQCサークルをうまく活用して方針達成などにつなげるマネジメントが必要。うまく活用すればTQM活動推進のための大きな原動力となるが、QCサークルは自主的活動だからといって、現場に任せっぱなしにするとサークルレベルやモチベーションが上がらず、活動の衰退の原因にもなりえる。

## 4.6.5　小集団活動での地域との協働・協創

　小集団活動においても地域との協働・協創として、仕入れ先や地域企業のQCサークル活動の活性化に取り組んでいる。デミング賞受審時は、個別支援が多く、九愛会(九州域内で、TMKに直接納入している仕入先との相互研鑽の組織体)との連携が、不十分であった。対応として、九愛会の下部組織として、小集団活動研鑽会を設立した。その中で、研修会やトップ講演などを通じて、サークルレベル向上や、管理者の意識向上のサポートをしている。また、SQCや機械学習の浸透のために各社で教育の自立化ができるように講師の育成に取り組んでいる。さらに、QCサークル九州支部活動において、幹事会社として、九州域内への貢献活動へも積極的に取り組んでいる(図4.6.31)。

**Key ポイント**

- 小集団活動の活性化を地域にも展開しチーム九州でQCサークルを盛り上げている。

① デミング賞受審当時の気づき
　活動は個別支援であり、九愛会(部品仕入先と相互研鑽の場)との連携が不十分
② 対応

| | 項目 | 内容 | 備考 |
|---|---|---|---|
| 仕入先との協働 | 九愛会品質部会<br>小集団活動研鑽会<br><br><br>九愛会品質部会<br>特定不良低減研究会　小集団活動研鑽会<br>ハンドブック勉強会　(2017年〜)<br>(4社)　　(13社)<br>SQC勉強会　QCサークル勉強会<br>(新規) | 1)サークルメンバー能力向上施策展開<br>・TMK研修会参加(QC検定勉強会他)<br><br>2)各社事務局/管理者の意識向上<br>・TMKトップによる講演会(9社)<br><br>3)スタッフ問題解決力向上<br>・SQC/機械学習勉強会 | QC研修会<br><br>トップ講演会 |
| 九州域内への貢献 | QCサークル九州支部<br>活動<br><br>(活動の強化) | 1)幹事会社として大会、研修の<br>　企画・運営(1996年〜)<br><br>2)支部長会社(3回)地区長会社(1回)<br>　として参加企業拡大活動 | QC基礎研修 |
| | 官庁、学校　への支援<br>・従業員出身校<br>・各県庁、宗像市<br><br>(活動の強化) | 1)TMK全社発表大会へ招待<br><br>2)小集団活動の紹介と普及<br>　・熊本県企業強化勉強会<br>　・宮崎県自動車産業振興会他 | 支部長会社感謝状 |

図 4.6.31　小集団活動での地域との協働協創

## 4.6.6　今後の小集団活動

小集団活動の将来計画を以下に示す。

タックル活動では、チームの能力を向上し、活動の質をさらに上げて行くことを狙う。

【タックル活動】

　① 未然防止型 QC ストーリーのさらなる拡大

　　・活用率向上

　　・FMEA(作業 FMEA、設備 FMEA ⇒ 工程 FMEA)

　② SQC 手法の活用(定量表現、データの確からしさ向上、効率化)

・ばらつき⇒単回帰・重回帰⇒実験計画（検証）

スクラム活動では、全部署において、問題解決力や未然防止力のさらなる向上を狙う。

【スクラム活動】

① 事務部門へのSQC活用拡大

・活用率向上

② 技術部門への機械学習の活用拡大

・活用率向上

これらの活動を進めていく上で、図4.6.32に示すような手法の拡大を考えている。さらに、これらの活動を通じて得られた効果の横展と横展をフォローする仕組みも今後つくっていきたい。

また、地域の協働協創では、QCサークルの普及と仕入先での手法の活用拡

| 分類 | 対象 | 狙い | 現状〜30年 | 活用拡大 2020年 | 2025年 | 新規手法 2030年 |
|---|---|---|---|---|---|---|
| 技能系 | タックル活動 | 問題解決力向上 | Q7 N7 未然防止手法 | SQC（ばらつき、回帰、実験計画） | | |
| | 保全組 | 予兆保全 | | SQC（ビギナー、ビジネス） | | |
| | 品質組 | 品質予測 | | | 機械学習 | |
| 事務系 | スクラム活動 | 問題解決力向上 | Q7 N7 | SQC（ビギナー、ビジネス） | | |
| | 全部署 | 情報分析 | SQC（一部） | | 機械学習 | |
| 技術系 | 設計開発 生産技術 製造 | 未然防止 | SQC 機械学習 | ロバスト設計・品質工学 | | |
| | | 品質向上 | | 感性の評価 | | |

図4.6.32　手法の拡大

大を図り、「九州の競争力向上」に貢献していくつもりである。

**【地域の協働協創】**

① 　QC サークルのさらなる普及　製造業⇒サービス業

② 　仕入先の手法の拡大（未然防止型 QC、SQC、機械学習）と、教育の自
立化

# 4.7 モノづくりの進化

経営ビジョン実現のための経営戦略の大きな柱の一つ、モノづくりについて、デミング賞、同大賞の挑戦を通じ、どう進化させてきたかを説明する。

## 4.7.1 勝ち残れる工程づくり（2010 ～ 2015 年）

TMK は輸出比率が高く、2010 年頃から急激な円高が進み、海外工場との原価競争力の差が縮小する中、1 ドル 80 円台でも収益を出せるように、「勝ち残れる工程づくり」と称し、生産技術部と製造部が一体となったチーム活動として各ショップ（部品、プレス、ボデー、塗装、組立の各工程）の将来像の検討と原価低減アイテムの積み上げおよび具体的改善を実施してきた。

5 年後の安全、環境、品質、生産性の目指す姿と原価低減 15% を目標とし、計画どおり 2015 年、原価低減 15% を達成できた。自分たちの工程のありたい姿を自分たちで考え、自分たちで行動し、実現する取組みであり、この考え方はそれ以降の活動にも引き継がれ、TMK の文化となり、生産技術、製造のメンバーのやりがいにつながっているし、全員参加型の経営につながる取組みと考える。

本活動をスムーズに進めた対応策の事例を紹介する。

一つ目は「自由度を高める管理」として 2012 年に原価管理体制を見直した。当初は年度ごとに原価費目ごとに目標設定・管理していたが、各ショップ（生産技術＋製造）で自主的に自由度を高め、戦略を立てられるように、5 カ年掛けて、△ 15% 低減、ショップ特性に応じて費目ごとでなく、全体で達成すれば良いとした。

また、2014 年より原価会議体制を見直し、全社会議のほかに工場原価会議を設定し、原価低減アイテムについて踏み込んだ議論ができるようにした。

二つ目は各ショップの「現場進捗確認会（2 回 / 年）」を設定し、社長から全機能役員、他ショップメンバーが参加し、複数部門が連携して、工程将来像の価値共有のベクトル合わせや優先順位を即断即決できるようにした。これによ

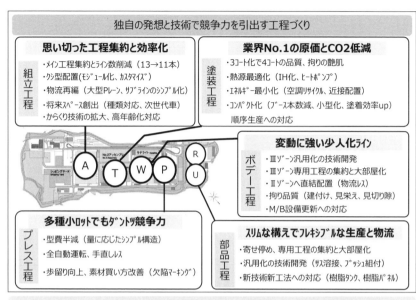

図 4.7.1　「勝ち残れる工程」の各工程の将来像（2010 ～ 2015 年）

り会社一丸となって「勝ち残れる工程」の将来像を作り上げることができた
（図 4.7.1）。

**Key ポイント**

- 生産技術と製造の一体チームで自分たちの工程のありたい姿を自ら考え、自ら行動する仕組みが重要
- がちがちの管理は行き詰る。実施部署に自由度を持たせることが有効

## 4.7.2　世界のお手本工場への 9 つの基本要件

4.7.1 項のモノづくりの活動は 2016 年のデミング賞からデミング賞大賞の挑戦に向けて、V25 から V30 で形を変え、戦略テーマⅠ「レクサスのものづく

りで世界トップを追求(世界のお手本工場)」として進化させた。

　進化の内容は「世界のお手本工場」の具体的な中身を外部環境変化に追従した具体的な将来工程像に落とし込むため、従来の原価、品質、安全から9つの基本要件へと拡充し、各基本要件において2030年到達レベルと定量的・段階的な KPI を定め、バランスをとりながら推進することとした。

　この進化の背景はまず、V15、V25で掲げた「世界のお手本工場」は具体的な中身が不明確だったことである。また、デミング賞受賞時までの「勝ち残れる工程づくり」では、安全、品質を含めた生産性向上活動ではあったが、並行して「レクサス品質」や「環境対応」などの別の事務局を中心とする活動があり、バランスどり、優先順位づけが難しく、原価低減主体の活動になっていた。そこで、「100年に一度」と言われる大変革の中、改革のスピードが重要であり、それらを統合した総合的なテーマ活動とした。

　また、各基本要件 KPI は定量的な評価であり、現状を基点とするため、プレゼントプッシュ型(現在からの発想)になりやすいと考え、この活動をフューチャープル型(将来からの発想)の取組みにするために夢のある工場として、2030年のありたい姿を想像し、3C 工場として明確にした。これは当時の金子達也社長の思いによるところが大きい。

　図4.7.2に9つの基本要件の内容を示す。

Key ポイント

9つの基本要件 KPI は、

- 工場のあるべき姿を総合的にバランスをとり、定量的に捉える指標
- フューチャープル型とプレゼントプッシュ型の両方が大事

### 4.7.3　戦略テーマ I の進め方

　図4.7.3に戦略テーマ I の進め方を示す。(1)でありたい姿を具現化し、(2)でその実現に向けた具体的実行アイテムを積み上げ、(3)にて投資枠から優先

## 世界のお手本工場の中身の明確化

### 9つの基本要件の2030年到達レベルと定量的目標を決めて推進

**夢のある工場（3C工場）**
- Competitive Factory
- Connected to Customer
- Creative Factory

**9つの基本要件：2030年到達レベル**

[S] Safety : 働き方　誰もが集中して健康にいきいきと成長感を持って働ける工場

[CS] Customer Satisfaction
: やすらぎ品質　加工点保証・自工程完結度の画期的向上による
ダントツ出荷品質確保

[CD] Customer Delight
: ときめき品質　ブランド価値向上に、ものづくりでダントツに貢献できている状態

[C] Cost : コスト/生産性　同一P/F でトヨタ No.1 の内製原価競争力確保

[D] Delivery : 納期　お客様を待たせない工場

[F] Flexible : 高い変化対応力　いかなる変化にもパフォーマンスを維持しながら、即応する工場

[E] Environment : 環境　トップクラスの環境にやさしいものづくり

[I] Information : IoTを駆使したライン　生産、開発がデジタルにつながり高度化するスマート工場
（各基本要件達成のソリューションであるが重要な取組みの為、基本要件として設定）

[M] Mesmerize : 魅せるライン　レクサスブランドのミュージアムとしてい世界の魅力発信の中心的役割を担ら

図 4.7.2　世界のお手本工場への9つの基本要件

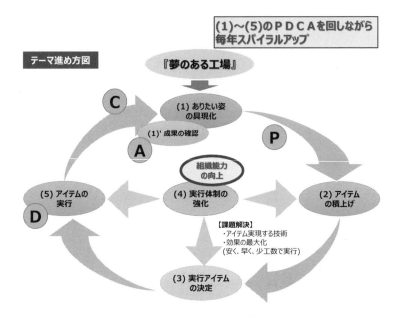

図 4.7.3　戦略テーマ I の進め方

づけをし、実行アイテムを決定し、(5)で実行する。一方、(4)で積み上げたア
イテムを実現する技術や効果を最大化するべく、安く・早く・少ない工数で実
行するための体制を強化している。

　この活動は、テーマ遂行のための組織能力向上の取組みでもある。この(1)
～(5)の PDCA を回しながら、毎年スパイラルアップしている。

Key ポイント

・テーマ活動は PDCA をベースとした進め方が基本

## 4.7.4　ワーキンググループ体制

　図 4.7.4 に戦略テーマ I を進めるワーキンググループ体制を示す。9 つの基
本要件と幅広く、また、未来志向の議論の場も必要であり、この図のとおり、

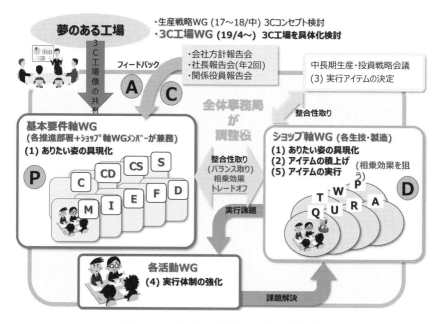

図 4.7.4　ワーキンググループ(WG)体制

大掛かりな体制とした。

　上から、中長期の「夢のある工場」を議論するワーキンググループ、左下側が、それを各基本要件軸に分けて、ありたい姿を具現化する各基本要件軸ワーキンググループ、その右側の各ショップとして実際に実行アイテムの積上げ〜実行をする各ショップ軸ワーキンググループである。真ん中に、各ワーキンググループを全体事務局が調整役となり、トレードオフ関係の事案の調整や、相乗効果の確認など、整合性をとりながら、進めている。また、基本要件軸ワーキンググループは主管部署を各会社機能より設定し、一部のショップ軸メンバーが兼務し、整合性をとりやすくした。下の実行体制の強化のための各ワーキンググループは、小集団活動にて、課題解決している。

|Key ポイント|

- 戦略テーマⅠ「ワーキンググループ体制」は、縦・横のグループ体制、調整役の設定、小集団改善活動の多用が重要

以降では、図4.7.3の戦略テーマⅠ進め方図(1)から(5)の取組みの中で特徴のある活動を紹介する。

## 4.7.5　ありたい姿の具現化

図4.7.3の戦略テーマⅠ進め方図の(1)にあたる「ありたい姿の具現化」の内容を図4.7.5に示す。基本要件軸では、各ワーキンググループにて、取組み戦略書、KPI、ロードマップを作成している。また、全体事務局において、これらの全体版を作成している。ショップ軸では、各ショップ軸ワーキンググループにて、将来工程イメージと工程レイアウト図、KPI、実行計画書、アイ

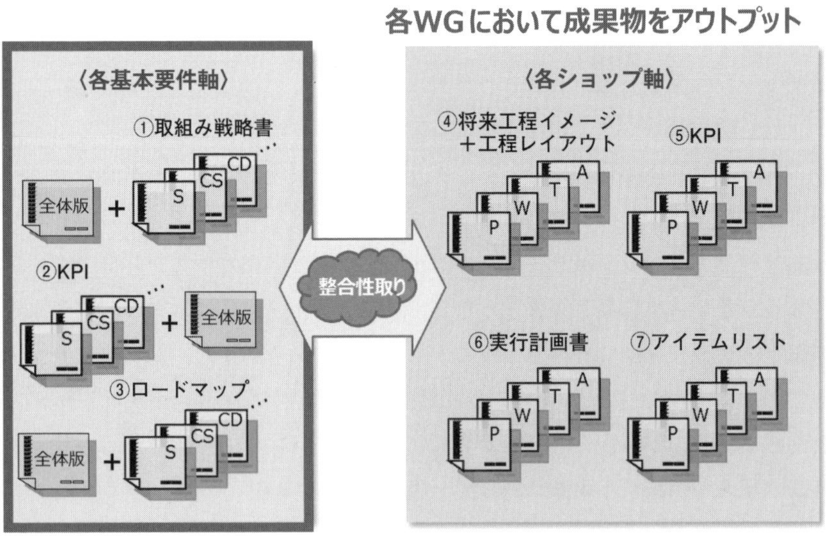

図4.7.5　「ありたい姿の具現化」の取組みの進め方

テムリストをつくり、基本要件軸と整合性をとりながら進めている。

**│Key ポイント│**

- 成果物のアウトプットイメージの明確化は重要

## 4.7.6　アイテムの積上げ（ロス分析の手法）

　図 4.7.3 の戦略テーマⅠ進め方図の(2)にあたる「アイテムの積上げ」の内容を図 4.7.6 に示す。

　アイテムの積上げは、基本的に革新的な工程改革と地道な現場改善の 2 つの枠組みを、ロス分析の手法と最新技術の切り口で捻出を進めている。

　まず、現状から標準へのギャップを一般的ロスと定義し、現場改善にて活動すると位置づけており、一方、標準と理想値の間を工程改革の軸で積み上げて

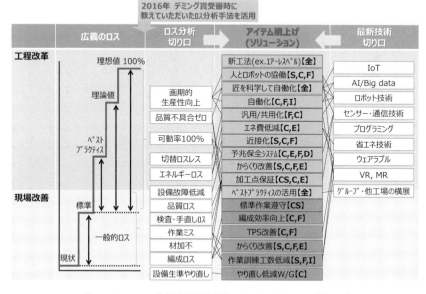

図 4.7.6　ロス分析と最新技術によるアイテムの積上げ

いる。工程改革の軸では、最新技術の切り口を活用し、標準と理想値までの
ギャップを埋めるソリューションを導いている。両方にまたがる、トヨタグ
ループ内のベストプラクティスの横展（水平展開）も、しっかり進めている。

### Key ポイント

- 「ロス分析」はモノづくりの課題を見える化する手法として有効

## 4.7.7　実行体制の強化

　図 4.7.3 の戦略テーマⅠ進め方図の(4)にあたる「実行体制の強化」の内容
を説明する。「ありたい姿」を具現化していくためには(4)の実行体制の強化が
不可欠であり、これは土台の活動である。テーマ活動を支えるアイテムを実現
する技術の向上や安く、早く、少工数で実行し、効果を最大化する取組みであ
る。これは戦略テーマⅠの遂行のための組織能力の向上の取組みでもある。特
性要因図やロジックツリーなどで分析し、以下のような内容で取り組んでい
る。

　（A）　アイテムを実現する技術を高める対応

　　①　生産技術開発の進化（2016 年〜）

　　　・生産技術開発エリアを新設・生技開発発表会を開催

　　　・産学連携の強化

　　②　AI・ビッグデータ解析、IoT 人財育成（2018 年〜）

　　③　技術の棚化（2018 年〜）

　（B）　アイテム実行の効果を最大化するための対応

　　①　安く、賢い設備調達

　　　・設備仕入れ先の強化活動（2017 年〜）

　　　・設備内製化（工機設立 2018 年）

　　　・安い設備仕様化の活動（2018 年〜）

　　　・設備やり直し低減活動（2019 年〜）

- からくり技術の活用強化(2019 年〜)

  (部横断の各ワーキンググループを設定し小集団で取り組む)

② 工数の確保(2016 年〜)

- 開発・生準効率化ワーキンググループ(**4.9.2 項**で説明)
- 外部エンジニアリング会社とのコラボ

上記の「技術の棚化」の事例を **4.7.8 項**で紹介する。

### Key ポイント

- 戦略テーマを推進するにあたり、実行体制の強化はその土台となる活動
- 実行体制の強化自体が組織能力の強化活動
- 部横断の各小集団活動が重要な対応手段

## 4.7.8 技術の棚化

以前は技術、知見が各ショップ内のみに存在し、ショップ間の横展が不十分だった。そこで、ショップ間での知見とノウハウ共有のインフラとして、技術情報データベース「技術の棚」の構築している(**図 4.7.7**)。社内のイントラネット上で誰でもアクセスできるようにしており、いろいろな角度のキーワード検索が可能な構造にしている。

### Key ポイント

- 技術の横展のためには、技術の棚化のようなショップ間を跨いだシステムが有効
- 技術の棚はいろいろな角度から検索できる仕組みが有効
- 情報を共有し、誰でも見られることが重要

### 〈背景・狙い〉

技術開発・アイテム実行の更なる**スピードアップ**、**安く効率的な設備導入等を実現**
→ **知見共有のインフラ**として「**技術の棚**（技術情報データベース）」の構築に着手
　　（設備計画者が過去の事例・他ショップの情報を簡単に入手）

### 〈仕組み〉

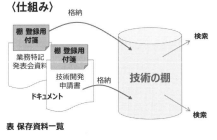

表 保存資料一覧

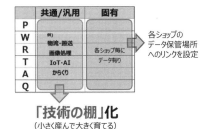

各ショップの
データ保管場所
へのリンクを設定

「**技術の棚**」化
（小さく産んで大きく育てる）

### 〈データ内容〉

| 資料種類 | 内容 |
|---|---|
| 1. 業務特記報告書 | 技術展示会、ベンチマーク、他工場視察、他メーカー視察、設備メーカー視察、設備類を比較した資料　など |
| 2. 技術開発関連資料 | 技術報告書 など |
| 3. 発表会資料 | 技術開発発表会、産学共同研究成果発表会 など |
| 4. 展示会資料 | 社内展示会（こだわり設備/技術開発展示会） など |
| 5. 社外出展資料 | 仕入先表彰（PJT賞、技術開発賞）全豊田研究発表会（講演、ポスター）など |

図 4.7.7　技術の棚化の取組み（車両本部内）

## 4.8　レクサス品質の進化

### 4.8.1　ときめき品質とやすらぎ品質

　TMK はデミング賞の挑戦前から米国 IQS プラチナ賞を通算 3 回受賞するなど、レクサス品質のたゆまぬ向上に努めてきた。

　TMK のレクサス品質の考え方として**図 4.8.1** に示すように、従来、「やすらぎ品質」部分は、苦情の撲滅、不満のミニマム化を追求し、「ときめき品質」部分では、満足を得る、期待を超える品質の造り込みを追求してきた。そして、この考え方を社内で常に共有してきた。デミング賞の受賞後は V30 の考え方に添い、さらに LIC の品質戦略に同期させている。

　そして、**図 4.8.2** に示すように、レクサス品質概念図として、ときめき品質・やすらぎ品質に対するお客様への提供価値と車両品質特性を定義してい

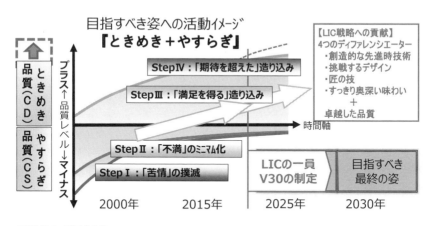

**図 4.8.1　レクサス品質の考え方**

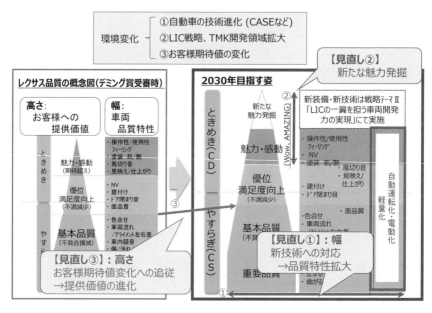

図 4.8.2　レクサス品質概念図

る。こちらもデミング賞受賞後の CASE など自動車技術進化や LIC 戦略など V30 への環境変化を受け、3 点見直している。一つ目は、新技術対応に伴い品質特性や管理の幅を広げ、二つ目は、開発領域拡大に伴い新たな魅力品質を発掘したいとの想いより、ときめき品質の高さを増し、三つ目は、お客様の期待値の変化へ追従し、ときめき品質特性をやすらぎ側へ編入させることによりやすらぎ品質の高さを増している。

　また、本活動は 4.7 節で述べたように、戦略テーマⅠの「9 つの基本要件」の中のときめき品質（CD）、やすらぎ品質（CS）として捉え、ものづくりの全体活動の中で、他の基本要件の向上との相乗効果やバランスを考慮しながら進める活動とした。

　重点活動項目を図 4.8.3 に示す。これも概念図の見直しに対応して、デミング賞の受賞後、見直している。LIC 戦略の「競合とは異なる独自性を追求する領域」は、主に「ときめき領域」と位置づけ、「常に競合を凌駕する領域」は、

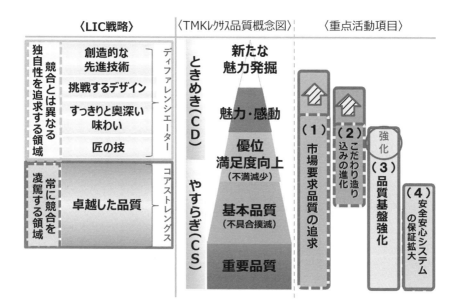

〈LIC戦略〉　〈TMKレクサス品質概念図〉　〈重点活動項目〉

**図 4.8.3　レクサス品質概念図と重点活動項目**

「やすらぎ領域」に位置づけ、右側に、LIC 戦略に貢献するための 4 つの重点活動の進化を示している。(1)市場要求品質の追求は、情報の早期収集ときめき領域の情報収集を強化し、(2)こだわり造り込みの進化は、ときめき領域に活動範囲を拡大し、(3)品質基盤強化はさらなる強化を図り、(4)安全安心システムの保証拡大では、活動の質の向上に取り組んでいる。

　次項より、重点活動項目の中で特徴的な活動をデミング賞以前、以後の進化も含めて紹介する。

**Key ポイント**

- 品質を「ときめき品質」と「やすらぎ品質」と定義
- 環境変化や顧客ニーズに応じた独自の品質概念図の構築と見直し、社内への共有

## 4.8.2 市場要求品質の追求(アンテナ・リサーチ機能の充実)

図4.8.4に示すように、さまざまなタイプの市場の声を効率よく収集・分析し、品質改善に活用している。

デミング賞の受賞までは、収集のために、地域の拡大(海外駐在含む)と販売店との連携強化、分析の強化のために、各種情報分析システムの導入を進めた。

図4.8.5に収集・分析の活用事例を示す。米国JDパワー社IQS(3.1節「挑戦のきっかけ」で詳述)のスコアは、製造、設計項目に分類され、プラチナ賞は製造スコアで順位づけされる。製造項目を詳細に分析し、8つの小集団を組織化し、プラチナ賞が取れるポイントを予測し、目標を定めてPDCAを回している。その結果が2016年、2017年のプラチナ賞受賞につながった。

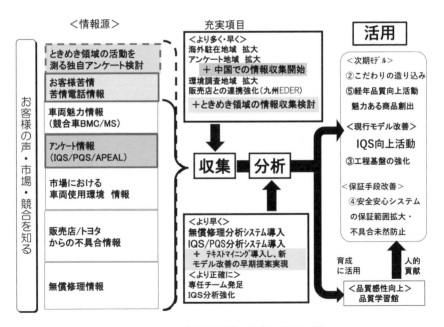

図4.8.4 市場要求品質の追求の取組み図

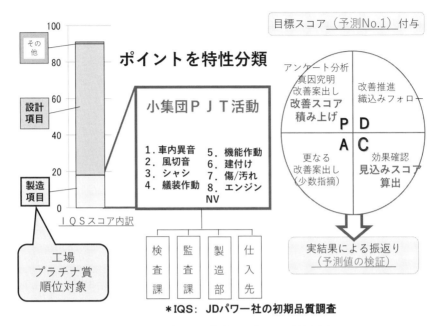

図 4.8.5　プラチナ賞獲得に向けた活動事例

　デミング賞の受賞後は**図 4.8.4** のうす網にした 3 つの活動を追加している。一つ目は出荷比率の増えた中国市場におけるさらなる品質向上を目的に、中国PQS*の立上げや、PQS の現地調査活動にも参画し、次期プロジェクトへ共同提案するなどの活動を強化してきた。二つ目は 2018 年からさらなる改善活動の前出しを目指し、テキストマイニングを活用した情報の分析に着手した。三つ目は独自アンケートの立上げである。基本要件 CD(ときめき品質)の KPI につながる情報や、技術部門で進める車両開発力強化のヒントとなる情報の収集と分析も進めている。

　具体例として、新型車情報の分析強化による改善の前出しについて説明する(**図 4.8.6**)。情報源として「CR 情報」(お客様からの電話・メール情報)を活用

---

＊トヨタとしての販売車両に対する品質アンケート調査

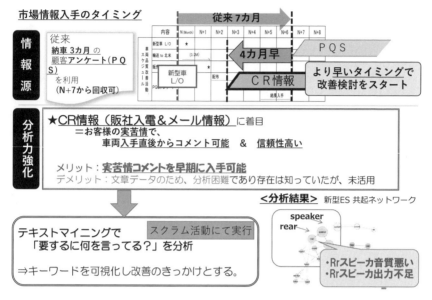

図 4.8.6 テキストマイニングを活用した情報の分析事例

した。これは従来の PQS 情報が新型車立上げから 7 カ月以降に、ようやく入手できることに対し、4 カ月早く入手可能である。反面、文章データのため分析が難しく、活用できていなかった。そこで事技系小集団の「スクラム活動」を通じ、テキストマイニング手法の活用により、「何を言っている？」のキーワードを可視化し、実改善に活用できるようにした。

### Key ポイント

- より多く、早く情報収集し、より早く解析することが重要
- IQS ポイントを想定して対策する仕組みは有効
- テキストマイニングは言語情報の分析に有効

### 4.8.3　こだわりの造り込みの進化

　こだわりの造り込みの基本的な考え方は、図 4.8.7 に示すように、図面の中央値に近づける、また、ばらつきを少なくすることで「造りの良さ」を追求する品質改善活動である。この活動を追加コストなしで生産技術部と製造部の活動として新型車切り替えプロジェクトごとに拡充してきた。

　具体的には、生産技術部でこだわり項目一覧がわかる「こだわり活動項目一覧シート」、各こだわり項目の良品条件と維持管理方法を明確にするための「こだわり要件実施・織込シート」を作成し、量産開始前に各生産技術部と製造部にて、「こだわりハンドオーバー会」を実施し、製造部へ確実な維持管理内容を移管する場を設けた。その後、立上り 6 カ月後、1 年後に担当役員による「定着確認会」を実施し、ハンドオーバー後の維持管理状況について確認している。また、こだわった結果がどのようにお客様に評価されているかについ

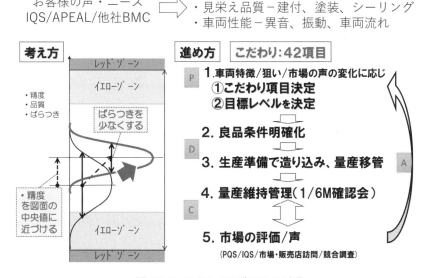

図 4.8.7　こだわりの造り込み活動

いても量産開始時、現在の工程内品質状況に加え、無償修理状況や IQS・PQS の状況をリスト化した「こだわり活動季節報」を 1 回 /3 カ月頻度で発行し、お客様の評価結果をもとに、達成できているものは維持継続、達成できていないものはさらなるレベルアップの実施につなげている。その結果、生産技術部と製造部の連携を強化することができた。また、製造各部の当事者意識も向上し、各こだわり項目の品質維持に寄与している。

図 4.8.8 は建付け（サイド廻り）の造り込みの事例である。このように細部までの造り込みによって見栄えの向上を図っている。

デミング賞の受賞後は、図 4.8.9 に示すように、異音や車両流れなどの不満撲滅に向けた圧倒的な造りの良さの継続改善や、ロードノイズや走行時こもり音のような感性性能の向上活動も新規追加するなど、こだわり項目を「ときめき品質」側へも拡充させた。また、活動が定着したこだわり項目は、日常管理化し、全体として重点志向の活動へシフトさせた。

活動体制についても、項目によっては仕入先と連携する造り込み活動や、TMK の開発部署と連携強化し、「図面を変える」ことで品質改善する活動へと拡充させ、基本的な活動の考え方も進化させた。このように、生産準備段階から開発・生産技術・品質管理などの各部署と連携強化し、TMK の総合力を生かして活動を進めた結果、量産開始までのこだわり項目の実現率は、100 ％と高いレベルを実現できた。また既に量産化している車両のこだわり目標維持率も、継続した改善活動で高いレベルで維持できている。その結果、仕入先と

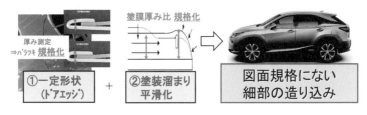

図 4.8.8　こだわりの造り込み活動の事例

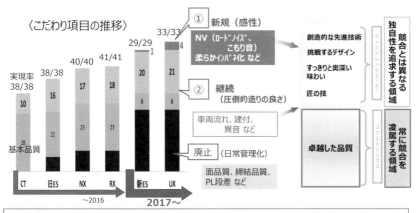

〈こだわり項目選定の考え方〉
① 新規：お客様の声、新構造から追加項目　　⇒ 感性性能の向上
② 継続：更なる改善が必要な既存項目　　　　⇒ 不満撲滅への追求
　　廃止："当たり前にできている" 項目　　　⇒ 日常管理化へ移行

**図 4.8.9　こだわりの造り込み活動の進化**

連携強化した異音を例に挙げると、新型レクサス ES の市場不具合は、レクサ
ス RX モデル比△ 56 ％低減でき、大きな成果につながった。今後も、LIC 戦
略にもとづき、さらなるレクサスブランド価値向上につながる活動へ進化させ
ていく。

## Key ポイント

- こだわりの造り込み活動は顧客指向で標準以内から、さらに設計図面の
中央値に近づける活動
- お客様にどう評価されているかの把握が必要

## 4.8.4　徹底した工程基盤の強化

デミング賞の受賞前の取組みはトヨタの自工程完結の考え方にもとづき、不

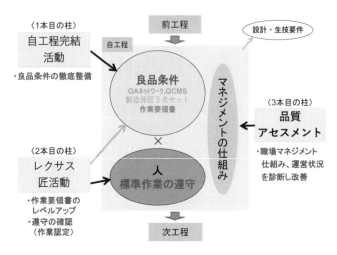

**図 4.8.10　工程基盤強化の概念図**

良品を発生させない工程づくりの推進であった。具体的には**図 4.8.10** の工程
基盤強化の概念図のように、ショップごとに各工程における良品条件を 4M で
明確にし、消込み型で整備していく「自工程完結活動」、作業者にスポットを
当てて作業要領書のレベルアップと作業遵守の確認・徹底を目的とした「レク
サス匠活動」、現場での不具合再発防止策の風化防止を目的に、マネジメント
の観点で、製造職場における仕組みの整備と遵守状況を診断し、継続的に改善
を進める「品質アセスメント」の 3 本柱活動であった。

　1 本目の柱の自工程完結活動を少し詳しく述べると、「良品条件の整備」に
は定常作業だけでなく、非定常作業（異常処置）における良品条件も必要である
ことから、「異常処置ルールの再整備」、正しい処置作業を保証するための「異
常処置認定制度」を「良品条件の整備」と合わせ、「製造保証 3 点セット」と
称して整備した。また、工程 FMEA の考え方にもとづき QA ネットワーク[*]
や QCMS[**] の領域拡大と活用による、未然防止策の拡大を展開した。前述の

＊品質保証項目のレベルを不具合発生・流出の両面からランク評価し、改善する仕組み
＊＊対象部品の品質特性につき、仕入れ先から車両工場出荷までの保証体制を確認する活動

3本柱の活動により、工程基盤が強化され、平常生産での工程内不具合が大幅に減少したが、新型車の切替え時の品質悪化が課題だった。

この課題を受け、デミング賞の受賞後は、**図4.8.11**に示すように、先の工程基盤強化の概念図を見直し、活動の3本柱を進化させた。

具体的には、まず、構造問題の源流対策のため、設計へのフィードバックの強化を新たな1本目の柱として設定した。2本目、3本目の柱は、自工程完結活動と標準作業遵守のために、進化するITやデジタルツールを活用し、活動範囲の拡大と強化に努めた。

2本目の柱の自工程完結活動の強化について少し詳しく述べる。**図4.8.12**の概念図のとおり、「加工点保証」という考え方を追加している。横軸は、品質特性の重要度、縦軸は、その保証度を表している。良品条件整備と標準作業の遵守は全領域をカバーし、そして重要度に応じて、発生側と流出側が連携した工程保証を行うQAネットワークに加え、さらに重要度が高く、かつ、後工

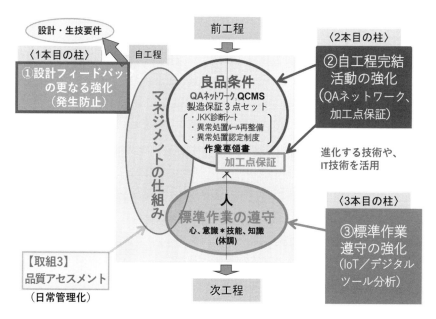

図4.8.11　活動の進化

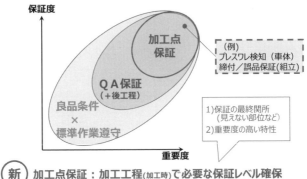

図4.8.12　活動進化の概念図

程で良し悪しの確認ができない部位は、「加工点保証」という考え方を追加し、加工した時点を最終の品質関所として、高い保証レベルを確保できるように取り組んでいる。具体的には、締付トルク管理ツールや、誤品防止ピッキングシステムを拡大するなど、加工点保証レベルを向上させた。また、品質確認作業忘れ防止などのポカヨケ設置を増やし、流出防止による工程保証度も高めてきた。これらの活動の結果、直近の新型レクサスES切替え時の変化点での品質悪化は、前回切替したレクサスRXと比較し△60％低減でき、効果につながった。

　図4.8.13にプレス割れに対する加工点保証の事例を示す。加工直後にサーマルビジョンで温度分析し、その場でプレスワレを全数検知する仕組みとなっている。右下の図に示すように、形状によるワレやすさや、金型のメンテナンス難易度に応じ順次導入の拡大を図っている。

　続いて、3本目の柱、標準作業の遵守の強化についても少し詳しく述べる。

　以前は、図4.8.14に示すように「レクサス匠活動」と銘打ち、STEP1から3へ段階的に活動してきたが、「人」に起因する不具合は撲滅できず、知識、技能、意識の向上が必要と捉えた。アウトソーシング急増などの環境変化の

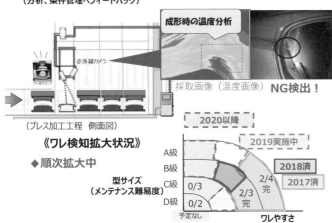

図 4.8.13　加工点保証の事例（ワレ検知）

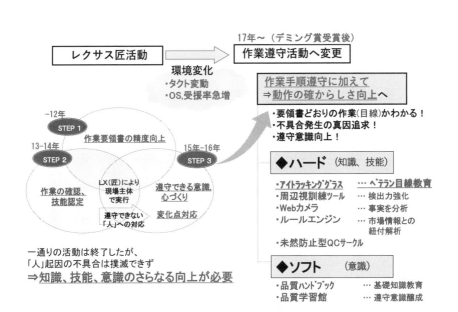

図 4.8.14　標準作業遵守の強化

中、2017 年以降は、「作業遵守活動」と名称を変更し、作業遵守に加え、動作の確からしさ向上に向け「ハード面」、「ソフト面」の取組みを充実させている。

　ハード面の事例として、図 4.8.15 にアイトラッキンググラスを活用した活動を示す。従来、塗装部の工程内検査では品質不良の判定ばらつき、および見逃しによる、後工程への流出が散発していた。そこで、アイトラッキンググラスを導入し、作業者の目導線、注視時間を可視化することにより、個人の弱みを把握した訓練に進化させることができた。正しい導線と時間で検査できるようになり、訓練前に比べ検出精度が上がり、後工程での指摘が減少した。

　また、品質意識の向上に向け、品質学習館を 2019 年初に拡大、リニューアルし、全社員の来場をフォローしている。展示の内容は、創業の思い、一連の品質問題、お客様の声、世界の使用環境、TMK の品質状況などであり、それらを学んだ上で、それぞれの立場で一人ひとりが何をするべきか、何をできるかを考えさせる仕組みにしている。

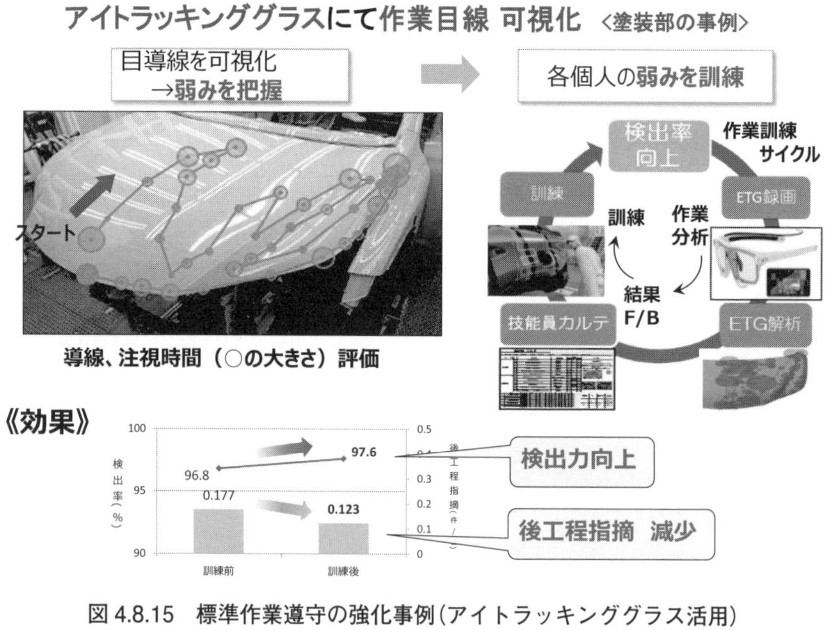

図 4.8.15　標準作業遵守の強化事例（アイトラッキンググラス活用）

## Key ポイント

- 品質の基盤づくりは仕組みとして標準化することが大切
  ① 製造保証３点セット（良品条件の整備、異常処置ルールの再整備、異常処置認定制度）
  ② 作業確認〜認定の仕組み
  ③ 品質アセスメント
- 維持管理できているかの定期的なチェックが必要（品質アセスメント）
- 自工程完結の中で加工点保証という考え方を追加
- 標準作業の遵守にはハード、ソフトの対応が必要
- 品質についての思いの伝承と一人ひとりの思いづくりに品質学習館は有効

## 4.9 開発体制の充実

### 4.9.1 個車開発での一体チーム活動

2.2 節の会社概要の「役割の変化」の中で述べたように、2011 年の R&D セ
ンター新設以降、デミング賞の受賞時は車両のマイナーチェンジを担当させて
もらっており、V25 では早く一人前に自立し「単独車種の自立開発を実現す
る」を目標としていた。V30 では、LIC の一員としての役割の変化を受け、戦
略テーマⅡとして、「LIC 全体の一翼を担う車両開発力実現」を目標とした。

具体的なその取組みは**図 4.9.1** に示すように、STEP1 から 3 であり、以下に
説明する。

STEP1（デミング賞の受審時）は、マイナーチェンジにて、開発・生産技術
によるフロント・リアマスクの「一体チーム活動」によるリードタイム短縮に
取り組んだが、V30 の実現に向けては工数低減が不十分であった。また、従

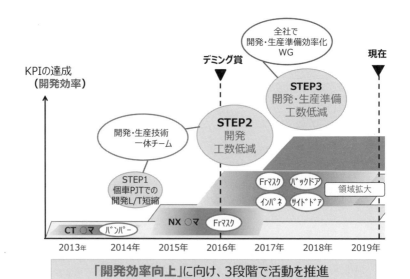

**図 4.9.1 V30 への活動ステップ**

工程再現性向上
<DA新ツール活用>

VR・MR：
搭載軌跡・工具をリアルに再現し、
作図と並行して構造を決定

試作リードタイム短縮
<簡易試作>

ペーパーモデル：
試作リードタイム短縮(10週→1週)により
早期に作業成立性を検証

**先進ツール活用**により、作業性検討を
レベルアップ(再現性・期間)し、SE図の図面品質を向上

**図 4.9.2　一体チームの活動事例(VR・MR など)**

来のモデルチェンジでは、SE 図*出図後に生産技術検討をしていたため、その後の図面修正に多く工数が発生しており、さらなる工数低減に向け、新たな取組みや「一体チーム活動」の体制整備が必要であった。STEP2(デミング賞の受賞後)は、初のモデルチェンジプロジェクトにおいて図面修正をやり直しと捉え、図面完成度向上による、やり直しの大幅低減に取り組んだ。具体的には、活動部位を拡げ、STEP1 の「フロント・リアマスク」に「インパネ」、「サイドドア」、「バックドア」を加え、関連部署をさらに拡大した。各一体チームでは基本計画書を策定し、SE 図の問題指摘の件数低減目標を設定した。低減に向けては、設計室や機能にまたがる課題を洗い出して共有し、**図 4.9.2** に示すように、作図期間中に簡易部分試作や DA(VR/MR)\*\*を活用した並行検討

---

 ＊ SE(Simultaneous Engineering)は設計と生産技術が同時検討する開発であり、SE 図は
　 現図の前のフェーズで、設計と生産技術が同時検討するための図面
＊＊ DA(Digital Assemblies)はデータ上で組立てを行い、見栄えの検討や組付け性を検討
　 することに使用される。VR(Virtual Reality)は仮想現実のことで、コンピューターに
　 よって作り出された世界を現実として知覚させる技術のこと。MR(Mixed Reality)は複
　 合現実のことで、仮想空間の中に現実世界を表現すること。

により構造と工程を同時に決定し、図面完成度を向上させた。

## 4.9.2　開発効率の向上

　STEP3の活動として、デミング賞の受賞後は、個車開発から切り離した全社活動として、開発・生産技術・製造・品質保証より主事、GM、部室長30名が参加して、開発効率化△30％低減を目標に「開発・生産準備効率化ワーキンググループ」を設立した(図4.9.3)。小集団活動で説明したPJチームの活用である。具体的には、まず、＃1として開発着手〜CV評価完期間の効率化に取り組んだ。図面作成や車両評価の工数を低減するため、過去プロジェクトや一体チーム活動の工数や設変を分析し、さらなる並行検討の拡大や、最新シミュレーション活用による図面完成度向上と車両評価の簡素化の必要性など、多くの課題が明確になった。それらの課題を「開発ステップ見直し」、「デジタ

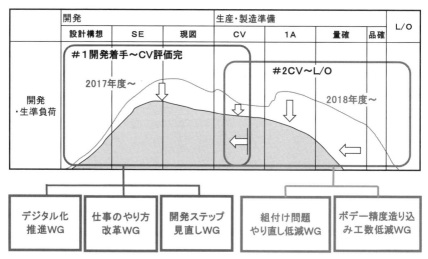

注)　SE(Simultaneous Engineering)は、設計と生産技術が同時検討する開発。現図は、試作前の図面検討フェーズの名称。CV(Confirmation Vehicle)は、試作車のこと。1Aは、1次量産試作。量確(量産確認)は、本工程品、本生産ラインで生産能力、品質を確認すること。品確(品質確認)は、量産開始直前の最終チェック。L/Oは、ラインオフ(量産開始)。

**図 4.9.3　開発・生準効率化ワーキンググループ(WG)の概要**

ル化推進」、「仕事のやり方改革」の３つのワーキンググループにて、効率化ア
イテムの積上げを実施した。

次に＃２としてCV〜L/O期間の工程整備、車両造り込みにおける効率化
に取り組んだ。モデルチェンジ工数実績を分析した結果、「組付け問題やり直
し低減」、「ボデー精度造り込み工数低減」の２つの課題が明確になり、それぞ
れワーキンググループを設立し、効率化に取り組んだ。**図 4.9.4** は「組付け問
題やり直し低減」の事例で組付け性予測技術向上のための樹脂部品の撓みシ
ミュレーション活用である。各ワーキンググループの効果は両方のワーキング
とも順調に工数低減目標を達成している。

一方、戦略テーマⅡの総合KPIは開発効率*の向上で、2021 年頃のプロ
ジェクトにおいてトヨタ本体と同レベルになることを目指しており、前述の

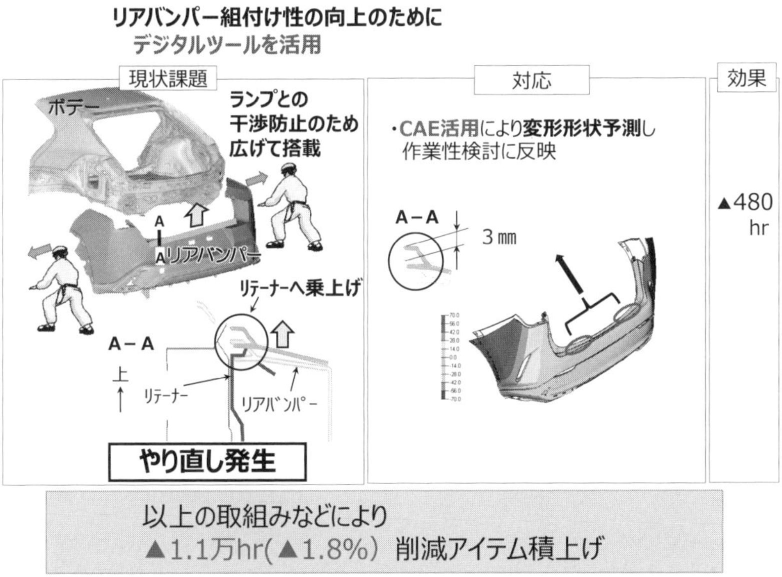

**図 4.9.4　組付け問題やり直し低減ワーキンググループの事例**

＊開発効率＝トヨタ開発工数÷TMK 開発工数

活動の結果、2017年のレクサスNXのマイナーチェンジ、2018年のレクサスUXのモデルチェンジにおいて、順調に目標をクリアしている。

**Key ポイント**

- 目標達成のための小集団活動(PJ チーム活動)をうまく使うことが重要
- ワーキンググループ活動により設計、生産技術、製造、品質保証が一体となって取り組む風土を醸成

# 4.10　地域との協働協創・チーム九州

## 4.10.1　デミング賞の受賞時の活動

　TMK は 4.1.1 項の中の「チーム九州」で述べたように、地域社会の発展に貢献することを自社の役割と捉え、会社経営に取り組んできた。地域へ貢献するためには、垣根を低くし、自社の活動を九州の皆様に知ってもらい、さらにTMK と地域、それぞれが持つ強みをお互いのニーズにマッチさせ、お互いの価値を高めていくことが、Win-Win の関係になると考えている。**図 4.10.1** に地域との協働の考え方を、**図 4.10.2** に各ステークホルダーとの活動内容を表す。

　デミング賞の受審時は、各ステークホルダーとの協働活動の中で「地域の皆さん」、「仕入れ先」との協働について重点的に取り組んできた。「地域の皆さ

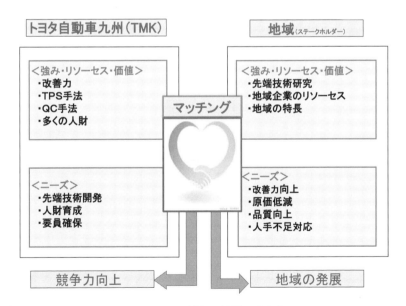

図 4.10.1　地域との協働の考え方

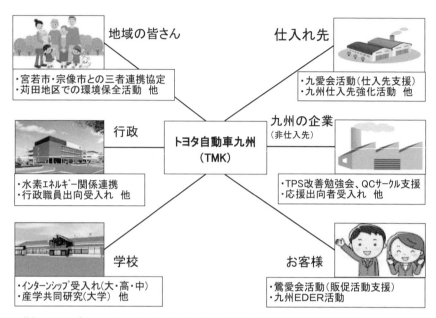

注)　EDER(Early Detection Early Resolution)は、早期発見早期解決のこと

**図 4.10.2　各ステークホルダーとの活動内容**

ん」との活動は、宮若市と宗像市と地域連携協定を結び、環境保全や地産地消活動、子供たちに海外経験の機会をつくるグローバル人財育成プログラムの導入など、活動のレベルアップを図りながら進めてきた結果、地域貢献活動への自主的参加者が大幅に増加するなど、恒常的な活動として「日常管理」化されるまでになった。

「仕入れ先」の方々との活動については、九州での競争力あるクルマづくり実現のため、次の 3 つの STEP で活動を進めた。

STEP1：現地調達拡大活動

　・継続的な自動車部品の現地調達率の向上活動

STEP2：九愛会(相互研鑽)活動

　・部品仕入れ先の方々との相互研鑽の場である九愛会活動として TPS

実践道場のモノづくり研究会や品質向上の勉強会である品質部会など
の取組みを展開している。

STEP3：仕入先個別強化活動

- 部品仕入れ先の個別強化活動として調査ツールを整備し、各社のマネ
ジメント力や生産性などを、競争力として、その中で管理・強化すべ
き項目を明確にし、協働で改善していく活動を順次開始した。

このような基盤強化活動を体系的に進めてきた結果、各社のマネジメント力
や生産性が向上するなどの成果を得ることができた。

**〔Key ポイント〕**

- ステークホルダーと Win-Win の関係になることが重要
- お互いのニーズ、シーズを把握することが大切
- 九州の再発見、総合力の活用、九州競争力の底上げ

デミング賞の受賞後、本活動はV 30 戦略テーマVの「地域との協働協創に
よる九州競争力の向上」として進化させている。内容としては、より九州競争
力の向上を目指し、日常管理化した「地域の皆さん」などとの活動を外し、①
仕入れ先の方々との連携による設備・部品調達自立化と、②産学官連携による
九州競争力の活動にフォーカスしている。

## 4.10.2　設備・部品調達の自立化

4.10.1 項で述べた部品仕入先の強化活動は継続・拡大し、前項の STEP3 の
個別強化活動は当初の 5 社から 2019 年には 18 社に拡大している。しかしなが
ら、部品仕入れ先の強化だけではV 30 九州競争力向上に向けて不十分であり、
生産準備段階の競争力に影響を及ぼす設備仕入先の強化も必要と考え、2018
年から新たに設備仕入先を対象とした個別強化活動を開始することとした。

開始にあたり、部品仕入先の個別強化活動で培ってきた手法にもとづき、ま
ず、対象仕入先を 3 社とし、①現状スキル評価にもとづく強化ポイントの明確

化、②改善活動計画表の作成、③各社トップとの合意形成、④改善実施、⑤進捗フォローのPDCAサイクルを回す活動を推進した。また、V30時点の具体的な目標は、設備調達コストをトヨタ地区比較でCIM値*を目標0.9とし、活動を推進した。その結果、各社の会社マネジメント評価結果が向上してきている。

## 4.10.3 産学官連携のスキーム確立による競争力確保

デミング賞の受審時は、産学官との連携が弱く、競争力強化活動が体系的に行われていなかったことにより、大学とは共同研究による個別技術開発や限定的な講座開講にとどまっていた。また、官とも地域団体への顧問派遣による情報交流にとどまり、九州競争力向上につながる活動になっていなかった。

デミング賞の受賞後は、大学との共同研究活性化に向けて、大学シーズと自社ニーズの視える化と活動を体系化させる社内規定を策定した。それにより、

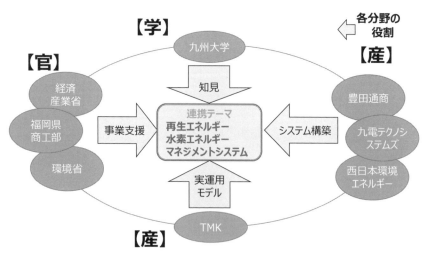

**図 4.10.3 水素エネルギー産学官連携モデル（2017年3月〜）**

---

\* Cost Index of Manufacturing（製造原価比指標）

技術力・開発力向上につながる共同研究件数は毎年増加してきた。また、合わせて新たな産学官連携モデルを積極的に検討し、調整・実行している。

　産学官の連携の具体的な事例としては、**図4.10.3**に示すように2017年に宮田工場の屋根に設置した太陽光発電から製造した水素をFCフォークリストなどに活用する新たな産業モデル構築を産産学官の連携で進めたことが挙げられる。このように成果を個々に創出できるようになってきた。

### Key ポイント

- 仕入れ先の方々の理解を得てWin-Winの関係になることが重要
- 新技術対応にはオープンイノベーションが重要

# 4.11　総合効果

デミング賞、およびデミング賞大賞挑戦を通じて得られた効果を説明する。

## （1）　有形の効果

　当然、デミング賞大賞の受賞は 2019 年であり、V 30 という 2030 年実現の経営ビジョンに向けて、まだ、途上であるが、3 年ごとの中期経営計画をつくり、最初の 3 年をステップ 1 として中間目標を設定しているので、それを達成できているかが総合効果の確認である（**図 4.1.12 を参照**）。

　**図 4.11.1** に示す TQM 活動全体像の中の右側、各戦略テーマによる「競争力向上」の KPI と、それらによる「LIC 戦略への貢献」を総合効果指標と設定している。具体的な内容について図中①〜④の順に説明していく。

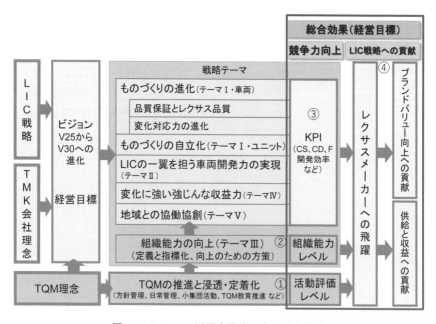

**図 4.11.1　TQM 活動全体像の中の総合効果**

## 【競争力向上の効果】

### ①　TQM 活動レベル評価

　**4.2.6 項**で詳細に説明した会社の TQM 活動レベルの評価は**図 4.11.2** に示すように、2019 年目標 4.7 に対して実績は 4.61 となり、達成率は 98％ となった。10 項目の内訳はこのようになっており、各項目とも着実にレベルアップを図っている。

### ②　組織能力レベル

　これについては、まだ取り組み始めたばかりであるが、検査エンジニアリング室の事例では「個人能力育成」に取り組んだ結果、「技術力・人間力」の 2019 年目標を達成しつつある。さらに、「環境・仕組み・体制改善」にも取り組んだ結果、「現場力」についても、目標達成の目処がついている（**図 4.11.3**）。

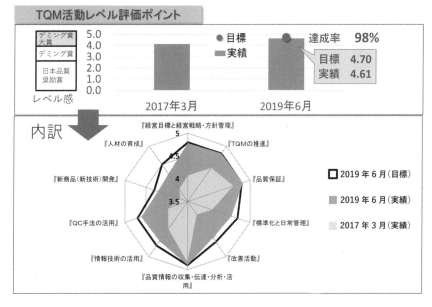

図 4.11.2　TQM 活動レベル評価

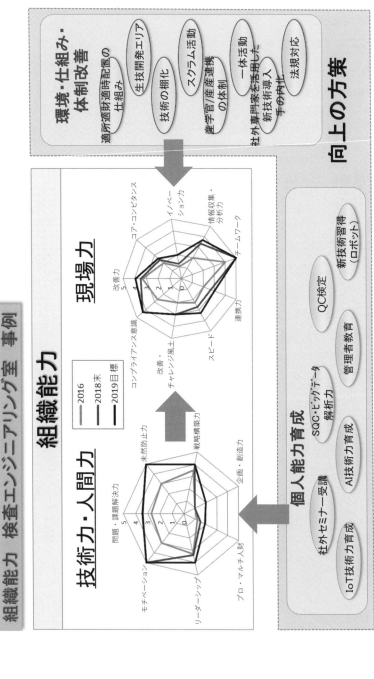

図4.11.3　組織能力の向上の結果

③　**戦略テーマの KPI**

【戦略テーマ I】「レクサスのものづくりで世界トップを追求」の KPI

戦略テーマ I の全体 KPI は**図 4.11.4** に示す基本要件軸 KPI レーダーチャートである。☆印のように、9 項目中 8 項目でレクサストップレベルを達成している。

その中で代表的な KPI を取り上げ、具体的に説明する。まず、基本要件の中の CS(やすらぎ品質)で、不具合領域における無償修理目標である。減少傾向であり、目標を達成し、かつ、他工場に対する優位性を発揮している。次は、基本要件の中の C(原価競争力)の KPI を 2 つ述べる。一つは他のレクサス工場とのコスト比較で、TMK の原価を 100 とした場合、他工場よりも 1 ～ 3 割程度の優位性を確保している。もう一つは A 能率*でプロジェクトの有無での山谷はあるが、計画どおり毎年効率化できており、目標の年 3% + α をクリアし、2018 年時点で 2015 年比 +9.5% 向上できている(**図 4.11.5**)。

【戦略テーマ II】自立化目標である開発効率 KPI

戦略テーマ II の KPI は開発効率**の向上で、2021 年頃のプロジェクトにおいてトヨタ本体と同レベルになることを目指しており、それに向けて 2017 年の NX のマイナーチェンジ、2018 年の UX のモデルチェンジにおいて、順調に目標をクリアしている。

④　**LIC 戦略への貢献の効果**

繰り返しになるが、経営目標は戦略テーマの実行による競争力向上により、LIC 戦略の「ブランドバリュー」と「供給と収益」へ貢献することである。それによってレクサスメーカーへと飛躍することである。

**図 4.11.6** の右側に示すように、LIC 戦略の柱である「ブランドバリュー」と「供給と収益」への貢献度レベルを KPI とし、デミング賞の受審時から 2030

---

　＊ A 能率 =(基準時間 × 合格数)÷総作業時間
＊＊開発効率 = トヨタ開発工数÷TMK 開発工数

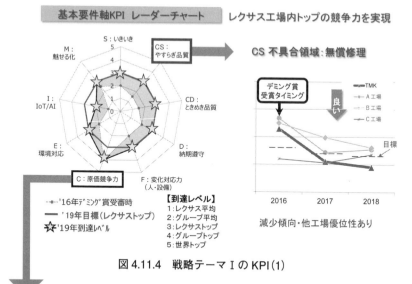

図4.11.4　戦略テーマⅠのKPI(1)

C　原価競争力

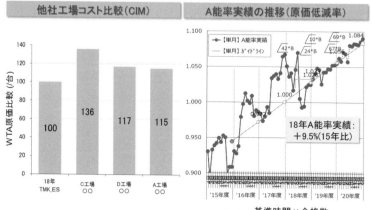

TMK ESを100として、部品点数で補正

$$A能率 = \frac{基準時間 \times 合格数}{総作業時間}$$

A能率:直接作業部門の生産性を表す指標。数値が高いほうが良い。

図4.11.5　戦略テーマⅠのKPI(2)

**競争力向上**

| TQM活動 成果 | | 指標 | 2016-2018年成果 | |
|---|---|---|---|---|
| 全体 | | ・各基本要件の段階的到達レベル（KPIレーダーチャート）<br>・アイテム積上げ数と効果 | ・到達目標 計画通り達成<br>・KPI達成のためのアイテム積上げ | ○ |
| 戦略テーマⅠ 安全 | S | イキイキ度、EP工程率<br>クリーン、サイレント | 達成見込み<br>EP工程230達成目処付け | ○ |
| 戦略テーマⅠ 品質 | CS | 無償修理推移<br>(12ケ月経過:北米SUV) | 目標 ＊＊＊<br>実績 ＊＊＊ | ○ |
| 戦略テーマⅠ 品質 | CS | 米国PQSスコア | 目標 ＊＊＊<br>実績 ＊＊＊ | ○ |
| 戦略テーマⅠ 品質 | CD CS | こだわり実施率・維持率 | 実現率 100%<br>維持率 85.7% 目標達成 | ○ |
| 戦略テーマⅠ 生産 | F | 生産タクト変更時の<br>生産能率変動 | 変動ロス半減目標達成 | ○ |
| 戦略テーマⅠ 生産 | F | 新型車立上げ時の<br>生産能率変動 | ES ロス半減目標未達<br>UX ロス半減目標ほぼ達成 | ×<br>○ |
| 戦略テーマⅠ 生産 | D | 納期遵守率 | 目標 98%<br>実績 #1:97.7% #2:97% | △ |
| 戦略テーマⅠ 原価 | C | CIM | 1.0以下 目標達成 | ○ |
| 戦略テーマⅠ 原価 | C | 原価低減率 | 3%＋α 目標達成 | ○ |
| 戦略テーマⅠ 魅せるライン | M | お客様評価度 | （KPI検討中） | - |
| 戦略テーマⅠ IoT | I | AI活用度<br>情報ネットワーク化レベル | 達成見込み | ○ |
| 戦略テーマⅠ 環境 | E | CO2削減率 | 達成見込み▲4.2% | ○ |
| 戦略テーマⅡ | | 開発効率 | 目標 ＊＊＊<br>実績 ＊＊＊ | ○ |
| 戦略テーマⅣ | | 一人当たり付加価値 | ＊＊＊＊万円/人 目標達成 | ○ |
| 戦略テーマⅤ | | ・部品仕入先個別強化活動会社数<br>・共同研究件数(累積) | ・目標 17社、実績 17社<br>・目標 24社、実績 24社 | ○<br>△ |
| 戦略テーマⅢ | | 組織能力指標<br>(現場力・技術力・人間力) | 組織能力の定義完了<br>達成見込み(一部部署) | ○ |
| TQMの推進と浸透・定着化 | TQM マスタープラン（全般） | TQM活動レベル<br>評価推移 | 目標 4.70<br>実績 4.63 | ○ |

**LICへの貢献度**

| LIC戦略 | | 2016年レベル 貢献内容 | 結果 | 2018年レベル 貢献内容 | 目標 | 結果 | 評価 |
|---|---|---|---|---|---|---|---|
| ブランドバリュー 4つのディファレンシエター | 創造的な先進技術 | 新しい技術の量産化<br>（LSW、2.0LターボE/G） | 狭△ | 新しい技術の一部開発と量産化<br>（樹脂バックドア・アルミドア開発） | 中○ | 中○ | ○ |
| ブランドバリュー 4つのディファレンシエター | 挑戦するデザイン | マイナーチェンジで、デザインの思いを設計・生技・製造・品証が一体で具現化 | 狭△ | フルモデルチェンジで、デザインの思いを設計・生技・製造・品証が一体で具現化 | 中△ | 中△ | ○ |
| ブランドバリュー 4つのディファレンシエター | 匠の技 | 匠の技能によるつくりの良さをアピール<br>（上塗り高塗着化） | 広◎ | 匠の技と最新生産技術の融合<br>（内板塗装塗布自動化） | 広◎ | 広◎ | ○ |
| ブランドバリュー 4つのディファレンシエター | すっきりとした奥深い味わい | モノづくり全般で味わいをアピール | 中△ | ・モノづくり全般で味わいをアピール<br>・ONE LEXUSによる開発体制の整備 | 中△ | 中△ | ○ |
| ブランドバリュー コア・ストレングス | 卓越した品質 | 無償修理推移オールレクサス 2位 | 広○ | 無償修理推移オールレクサス 1位 | 広○ | 広○ | ○ |
| ブランドバリュー コア・ストレングス | おもてなし | ・各種工場見学の定常内容での受け入れ<br>・LICイベント関係のサポート | 狭○ | ・各種工場見学の主体的、且つ、主旨に合わせた受け入れ<br>・LICイベントを提案型で協力 | 狭○ | 狭○ | ○ |
| 供給と収益 | 供給 <目標> 2025年 **万 | ・34.3万台供給 レクサス 67.7万台の50.1%(2016年) | 広◎ | 41.7万台供給 レクサス 69.8万台の59.7%（2018年） | 広◎ | 広◎ | ○ |
| 供給と収益 | 収益 <目標> 2031年 **億円 | ・車両原価目標達成<br>・一人当たり付加価値 ＊＊＊＊円/人 | 中○ | ・車両原価目標達成<br>・一人当たり付加価値 ＊＊＊＊万円/人(見込み) | 中○ | 中○ | ○ |

図 4.11.6 競争力向上と LIC 戦略への貢献度の関係

年までのレベルアップ目標を設定し、評価の仕組みを整備することで活動を加速させることができた。その結果、「創造的な先進技術」と「挑戦するデザイン」などは、フルモデルチェンジ車の立上げを通じて2019年時点でのレベルアップ目標を達成することができた。これらの効果は、図 4.11.6 の左側に示す戦略テーマの推進や組織能力の向上、TQM 活動の推進と浸透・定着化などの競争力 KPI との関連性も確認することができた。また、LIC 戦略への貢献度は、自己評価に加え、外部の評価も確認した。「トヨタ自動車・LIC の評価」では、2016年と比較して多くの技術・品質表彰を受賞した。また「市場の評価」ではレクサスブランド価値が7ポイント向上するなど、多くの成果を挙げることができた。

## （2） 無形の効果

TQM 全般の効果としては、方針から小集団までのつながりを明確にしたことで、全員参加で方針に取り組む風土が醸成されたことや、戦略テーマ実行のための組織能力の定義化・指標化をしたことで、人財育成の方向性が明確になったという効果があった。

また、LIC 戦略への貢献の効果としては、ビジョンに「レクサスメーカーへの飛躍」を掲げたことで、工場ではなく、メーカーとしての機能強化の意識が高まったこと、各活動の LIC 戦略への貢献度を見える化したことで、より貢献していかなければならないという意識が高まったことなどが得られた。

## （3） レクサスメーカーへの飛躍に向けた第一歩

これまで説明したとおり、2016年のデミング賞の受審時から現在にかけて経営ビジョンの見直しを含め、活動のレベルアップを図ってきた。その結果、図 4.11.7 に示すとおり、LIC のメインプレイヤーとしてブランドバリュー向上と供給と収益へ貢献してきたことにより、2030年のレクサスメーカーへの飛躍に向けての第一歩を踏み出すことができたと捉えている。

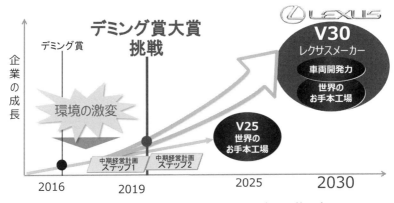

図 4.11.7　レクサスメーカーへの飛躍に向けた第一歩

**Key ポイント**

- 総合効果の確認は戦略テーマによる競争力向上と LIC 戦略への貢献度の両方の検証が重要

## あとがきにかえて
### 受賞後の活動

　デミング賞大賞の授賞式を終え、次の 2020 年に向けて、2019 年 10 月から 12 月には、年間の行事として、V30 中期経営計画書の見直し、2019 年各部方針～会社方針の反省、そして、次年の会社方針～各部方針の策定を終えた。

　そんな中、11 月に先のデミング賞大賞の現地調査の意見書が届いた。「TQM 活動はジャーニーである」とデミング賞授賞式ではよく言われる。デミング賞の受賞時と同様に、各部内では現地調査での反省点、さらに改善したい点が多くあり、また、「TQM を経営の中核に据える」と言い続けているトヨタ自動車九州である。意見書の内容を TQM 推進室の事務局で整理し、すぐに各部に展開した。

　一方、1.4 節の「TQM の将来計画」で述べたように V30 と並行する次の TQM マスタープランを作成中である。再度、TQM 活動の進化のスタートである。そんな中、中村は 2019 年 11 月で TQM 推進室長を後任の高倉にバトンタッチし、米岡は 2020 年 1 月 1 日付けで役員を退任した。引き続き、TQM 活動の継続を託して。

# 索　引

**著者紹介**

米岡俊郎(よねおか　としろう)

　1956 年生まれ。1979 年、名古屋工業大学生産機械工学科卒。同年トヨタ自動車販売株式会社入社(現トヨタ自動車株式会社)、主に生産技術・製造部門で海外生産車の生産準備、カナダ、タイ、オーストラリア、米国などにて多数の組立工場新設、立上げ業務に従事。

　2004 年より TMUK(英国製造会社)の車両製造担当副社長。2009 年 6 月、トヨタ自動車九州に転籍、取締役、2014 年常務取締役、2017 年専務取締役、2019 年取締役体制見直しにより取締役車両本部長。この間、宮田工場長、TPS、品質保証、TQM、生産技術、経営企画、環境などを担当。2013 年よりデミング賞、デミング賞大賞挑戦を含め TQM 活動を指揮。2020 年 1 月退任。同年 4 月、株式会社 P&Q コンサルティング代表、日本品質奨励賞審査委員会委員。

中村　聡(なかむら　さとし)

　1959 年生まれ。1984 年、九州工業大学大学院電子工学研究科修了。同年トヨタ自動車工業株式会社入社(現トヨタ自動車株式会社)、電子技術部門エンジンコントロールコンピュータの設計を担当。

　1992 年 4 月、トヨタ自動車九州に転籍、品質管理を担当後、1998 年 1 月よりレクサスの北米情報収集のため北米駐在。その後、品質保証部次長、塗装部エンジニアリング室長、塗装部部長を担当後、2015 年 1 月よりデミング賞、デミング賞大賞挑戦を含め TQM 推進室の室長を担当。

# TQM 推進によるビジョン経営の実践

### デミング賞・同大賞への挑戦を通じたレクサス工場の進化

2020 年 7 月 26 日　第 1 刷発行
2020 年 9 月 4 日　第 2 刷発行

著　者　米岡俊郎

中村　聡

発行人　戸羽節文

検　印
省　略

発行所　株式会社 日科技連出版社

〒151-0051　東京都渋谷区千駄ケ谷 5-15-5
DS ビル

電話　出版 03-5379-1244
営業 03-5379-1238

Printed in Japan

印刷・製本　㈱中央美術研究所

© *Toshiro Yoneoka, Satoshi Nakamura 2020*
ISBN 978-4-8171-9715-3
URL　https://www.juse-p.co.jp/